AF355687

NOUVEL ESSAI

SUR

L'ORGANISATION DES MONDES,

ET

LE MÉCANISME DE L'UNIVERS,

Par M. D...

SECONDE ÉDITION, AUGMENTÉE.

> La lumière, la chaleur, etc., ne sont point des émanations du globe solaire, qui est une planète comme la terre.
>
> La description du zodiaque tel qu'il est aujourd'hui, et la différence des descriptions données jusqu'ici.
>
> Des élémens anciens et nouveaux, etc.

PARIS,

Chez
{
LOCARD, quai des Grands-Augustins, n° 3.
DELAUNAY, libraire, Palais-Royal, galerie de Bois.
MONGIE aîné, boulevard Poissonnière, n° 18.
GOSSELIN, libraire, Palais-Royal, galerie de Bois, en face le Passage de Valois, n° 187.
}

1822.

DE L'IMPRIMERIE DE DAVID,

RUE DU POT-DE-FER, n° 14, (F. S.-G.)

PRÉFACE.

L'accueil favorable qu'on a bien voulu faire à l'Essai sur l'organisation des mondes et le mécanisme de l'univers, publié en 1818, a déterminé l'auteur à en donner une nouvelle édition augmentée de diverses observations ; notamment sur les anciens élémens et les nouveaux ; sur les descriptions du zodiaque, telles qu'elles ont été données jusqu'à ce jour, le détail des grandes différences survenues depuis plus de vingt siècles ; la description du zodiaque, tel qu'il est aujourd'hui ; ses rapports actuels avec les douze constellations ; leurs aspects dans le ciel à l'égard du soleil, pour le ciel de jour, et à l'égard de la terre, pour le ciel de nuit, le tout pour chaque mois.

On croit que cet abrégé ne peut être considéré comme système, puisqu'il est basé sur les principes les plus stricts de la mécanique, dans toutes les applications que l'on peut faire des forces mouvantes, et sur les expériences physiques dont il est facile de se rendre compte.

ESSAIS

SUR

L'ORGANISATION DES MONDES,

LE MÉCANISME DE L'UNIVERS,

LES COMÈTES, LA CHALEUR, LA LUMIÈRE,
LES COULEURS, etc.

INTRODUCTION.

LES divers systèmes qui ont été donnés jusqu'à présent sur l'astronomie, ne paraissant plus devoir s'accorder avec l'état actuel de la science, on a cru très-utile d'en établir un nouveau, et de donner en conséquence de nouvelles idées sur l'organisation des mondes, tout en puisant dans les divers systèmes déjà connus, pour en adapter diverses parties à des principes nouveaux ; car on ne peut cesser de reconnaître, par exemple, qu'en démontrant cette harmonie de mouvement qui existe dans la nature, cette impulsion qui nécessite une Intelligence suprême, c'est signaler les œuvres du Tout-Puissant; c'est tracer aux humains sa grandeur; c'est enfin les porter à reconnaître et à adorer un Dieu. Et l'ordre physique ne serait-il que le résultat de la marche des choses? leurs effets naturels n'en feraient pas moins connaître les causes premières d'où elles dériveraient.

Ce sont donc les productions organisées qui prouvent qu'il n'y a point de spontanéité; car les générations ne se perpétuant que par succession, les germes primitifs nécessitent un créateur.

Le créateur a donc donné à tout ce qui existe une impulsion d'après des dispositions, un dessein et des principes immuables; il a donc donné aux élémens des propriétés émanées de sa volonté, d'après des motifs trop élevés pour être à notre connaissance; de sorte qu'il y a dans l'univers un grand but que nous ignorons.

En conséquence, puisque tout ne doit pas s'accommoder avec l'homme, il faut que l'homme s'accommode avec tout; mais il n'en doit pas moins chercher à se rendre compte des phénomènes qu'il a continuellement devant les yeux, et admirer ce qui lui est incompréhensible, en l'attribuant à une intelligence qui lui est supérieure. Ce sont ses facultés morales qui mettent l'homme au-dessus des autres êtres répandus sur la terre; car les animaux voient dans le soleil quelque chose qui les échauffe, dans ce que produit la terre des choses bonnes à manger, etc.; il ne doit donc pas suffire à l'homme de voir comme eux.

L'homme a besoin, pour sa propre existence, de cultiver la terre, il doit donc chercher à se rendre compte des causes comme des effets. L'homme à qui Dieu a réparti une portion de cette âme générale, une émanation de cet esprit céleste qui le porte naturellement à la réflexion, doit chercher à étendre ses connaissances, qui le distinguent de la matière et le rapprochent du père de la nature.

Est donc homme seulement, celui qui cherche à se rendre compte de tout ce qu'il voit, qui reconnaît l'ouvrage d'un Dieu créateur, lui rend grâce de tant de bienfaits; c'est le but de cet ouvrage.

Le soleil n'est pas lumineux par lui-même, c'est un globe comme la terre.

La chaleur que nous éprouvons, ne nous vient pas plus du soleil que des autres globes, car le calorique existe partout, par conséquent dans tous les corps.

La lumière est céleste; elle appartient à toute la nature; elle n'est la propriété particulière d'aucun globe, et est la même partout l'univers. La lumière pure est blanche; elle ne fait qu'un avec le fluide électrique pur, ce fluide universel qui pénètre tout, celui qui met tout en action, et qui userait promptement les corps sur la terre, si l'azote, comme l'opium de la nature, n'était mêlé dans l'air pour modifier, tempérer cette action. C'est principalement ce que l'on va démontrer.

ABRÉGÉ

DU

SYSTÈME DE L'UNIVERS.

JETTONS un regard dans l'espace, examinons les astres. Quelle richesse! Quel ouvrage incompréhensible! Quelle harmonie de mouvement n'apercevons-nous pas? Nous ne pouvons alors nous refuser de reconnaître partout une Intelligence suprême, et nous sommes aussitôt remplis de ces idées sublimes autant qu'immenses, qui ne mettent aucune borne à la nature; d'un Dieu tout-puissant qui, dans la plus petite partie comme dans la plus grande, imprime partout ce grand mouvement qui fait que tout commence, finit et se renouvelle.

Nous remarquons que les étoiles, les planètes, etc., s'éclipsent l'une par l'autre, ce qui nous démontre que ce sont autant de corps opaques comme la terre, le soleil, la lune et les autres planètes connues, et qu'elles sont par conséquent des mondes.

L'univers est donc rempli d'une quantité innombrable de globes plus ou moins gros, plus ou moins lumineux, plus ou moins agités, tous habités par des êtres dont les formes et les espèces varient à l'infini. Partout est le principe de vie, il anime tout, rien n'est inutile, rien ne se perd, tout enfin tient et se rapporte à un centre d'unité et à une économie d'ordre.

Les globes les plus près de la terre ont avec elle, pour centre de mouvement, le soleil qui forme, de ces globes et d'autres à sa proximité, un tourbillon : tous les autres globes sont de même classés dans l'univers par tourbillons ou familles; ces tourbillons sont classés par constellations; les uns et les autres ont des mouvemens périodiques entre eux. Ces mouvemens divers nous sont démontrés par le passage, auprès de notre tourbillon, de divers globes que nous appelons comètes et qui n'appartiennent point à notre tourbillon, ou, autrement dit, à notre système planétaire.

La première loi de l'univers est celle du mouvement : Dieu en est le grand régulateur.

Quelle idée majestueuse n'avons-nous pas de l'Eternel, quand nous nous figurons cette quantité innombrable de mondes répandus dans l'immensité et sans cesse en mouvement! Combien de soleils pour éclairer ce vaste univers!

En suivant le mouvement des globes qui sont le plus à portée d'être vus de la terre, nous remarquons qu'ils éprouvent à la fois plusieurs mouvemens qui diffèrent entre eux.

1.° Les mouvemens qui sont propres à chacun d'eux ;

Du mouvement des globes sur leurs axes.

2.° Les mouvemens propres à chaque tourbillon ou famille ;

3.° Les mouvemens qui ont lieu par constellation, c'est-à-dire, par groupe d'étoiles, tels que ceux qui forment les douze signes du zodiaque, (ou les douze maisons du soleil);

4.° Ceux qui tiennent au mouvement général de l'univers, etc.

En jugeant les mouvemens des autres globes d'après ceux qu'éprouve la terre, nous en concluons qu'ils tournent sur leurs axes,

De leur balancement ou inclinaison.

ce qui donne les jours et les nuits; qu'ils se balancent et s'inclinent comme fait un ballon dans l'air, ce qui établit les saisons; qu'ils décrivent une orbite ou cercle irrégulier autour du globe central de leur tourbillon, ce qui marque les révolutions périodiques; qu'ils suivent le mouvement de leurs tourbillon et constellation, etc.

Le mouvement sur l'axe ou de rotation établit, pour chaque globe, les forces centripètes et centrifuges qui lui sont relatives, et qui lui forment une atmosphère. Ces forces centripètes tendent à rapprocher de chaque globe les parties des corps décomposés, pour en former de nouveaux. Telles que l'hydrogène et l'oxigène qui sont les parties constitutives de l'eau, et qui venant à se réunir dans l'air, reforment de l'eau qui tombe en pluie; ces mêmes forces centripètes établissent de telles limites à l'atmosphère de chaque globe, que toutes les parties constitutives et autres qui leur appartiennent, ne peuvent passer au-delà, et que celles qui par la force centrifuge atteignent ce but, à cause de leur légèreté, sont de suite précipitées vers le centre; c'est cette force centripète qui fait que les

corps constitués restent attachés, pour ainsi
dire, sur la terre, et qu'une pierre lancée dans
l'air y retombe.

Les forces centrifuges éloignent du centre
et divisent les parties des objets qui ayant
acquis une espèce de perfection ou de ma-
turité, entrent par cette raison dans un état
de décomposition, et portent jusqu'aux extrémités de l'atmosphère les parties les plus légères qui résultent de ces décompositions;
telle que l'eau, lorsqu'on la fait évaporer,
soit en la faisant bouillir, soit en l'exposant
au soleil, qui donne cet air léger qu'on nomme
hydrogène, et qui forme une espèce d'enveloppe éthérée aux extrémités de l'atmosphère,
lequel air atmosphérique léger est entouré du
fluide électrique encore plus léger et plus pur;
et ce sont ces deux couches réunies qui nous
paraissent bleues, et réfléchissent les rayons
d'azur.

Le mouvement sur l'axe, ou de rotation de
chaque globe, imprime encore, au-delà de
son atmosphère, des mouvemens divers à
d'autres globes plus légers qui en sont les plus
approximés; telle que la terre à la lune, Jupiter à ses satellites, etc., enfin, le soleil à

tous les globes de son tourbillon, qu'on peut diviser en deux espèces.

Dans la première, les planètes ou globes primitifs.

Dans la seconde, les satellites de ces planètes, ou globes secondaires.

Il est facile de se rendre compte des effets du mouvement de rotation, en faisant tourner soi-même un corps rond ou à peu près, comparativement à la terre, et en examinant les effets du mouvement de la machine pneumatique; on verra donc qu'au-delà des forces centripètes et centrifuges qui forment l'atmosphère d'un globe dans le mouvement de rotation, il y a attraction et répulsion pour les corps environnans, et que cette attraction et cette répulsion se manifestent par des signes de lumière.

C'est donc le mouvement de rotation de chaque globe qui entretient l'air atmosphérique nécessaire à la conservation de tout ce qui le compose; l'air respirable est aussi, par ce moyen, enveloppé d'un gaz plus léger, en raison de son éloignement du centre du globe, et ce gaz léger n'est autre chose que l'hydrogène qui s'échappe de l'eau lorsqu'elle se décompose, et qui, plus léger que l'oxigène, s'élève au-dessus, suivant qu'il est plus ou moins pur.

C'est l'oxigène qui forme pour l'homme la partie la plus essentielle de l'air qu'il respire; il forme de même une partie de l'eau que les végétaux décomposent pour absorber la partie d'hydrogène, et donner à l'azote l'oxigène pour former l'air.

Quel rapport! quelle correspondance existe entre tous les êtres et tous les végétaux!

Les enveloppes d'air respirable ou oxigénées, et celles supérieures ou hydrogénées, ont plus ou moins d'étendue, selon la grosseur de la planète, et selon que son mouvement de rotation est plus ou moins précipité, ce qui fait qu'aux pôles elles en ont moins qu'aux équateurs. Ces enveloppes hydrogénées sont surmontées d'un fluide électrique pur qui remplit les espaces entre tous les globes, et est la source de la lumière qui se manifeste au moyen de l'attraction et de la répulsion de ces globes entre eux. Ce sont ces enveloppes hydrogénées qui font flotter les mondes aussi mollement dans le fluide électrique pur, que l'oiseau qui plane sur nos têtes.

Du fluide électrique.

Pour se rendre compte de l'effet du fluide électrique pur, qu'on fasse ce qu'on appelle le vide dans un globe de verre, qu'on l'électrise, il deviendra lumineux.

Ce fluide électrique que les globes et leur atmosphère ne cessent de contenir, se trouvant refoulé continuellement par l'attraction et la répulsion, tantôt d'un côté, tantôt de l'autre, jusqu'au centre de ces globes, s'oxigène, y remue le calorique, imprime les couleurs et met, en un mot, toute la nature en action.

Point de calorique sans oxigène, et point d'oxigène sans couleurs. C'est ce qui a fait dire au célèbre Newton que la lumière était composée des sept couleurs primitives, qui sont le rouge, l'orangé, le jaune, le vert, le bleu, l'indigo et le violet; lesquelles peuvent se réduire à trois; le rouge, le jaune et le bleu: car le rouge et le jaune forment l'orangé; le bleu et le jaune forment le vert; le bleu et le rouge forment le violet, etc. Toutes ces couleurs, provenant des métaux oxidés, en s'évaporant dans l'air, s'y rangent, selon la pesanteur spécifique des corps d'où elles proviennent, et sont réfléchies dans cet ordre na-

Des sept couleurs.

Les sept couleurs proviennent des métaux oxidés.

turel, sur l'arc-en-ciel et sur le prisme. Il n'en est pas de même des couleurs fixées ou déterminées, lorsqu'on les expose soit à la lumière électrique ou céleste, soit à une lumière artificielle. Le rouge, par exemple, exposé à la lumière naturelle, nous paraît rouge, parce que cette teinte rouge qui a été donnée à une étoffe ou autre, lui fait absorber du rayon de lumière toutes les autres couleurs, excepté le rouge, qui, se trouvant dominer, est seul réfléchi. Mais si ce rouge est exposé à une lumière composée, il paraîtra nuancé des diverses couleurs dont l'air atmosphérique se trouvera chargé par la combustion de tel ou tel corps; c'est ainsi qu'une étoffe paraît verte à la chandelle, parce que cette espèce de lumière, alimentée par un corps gras, absorbe, avec l'oxigène de l'appartement, toutes les couleurs dont l'air est chargé, excepté le jaune, qui, par le résultat du suif en combustion, a plus d'affinité avec le jaune, et que le jaune et le bleu donnent le vert. On remarque encore qu'une étoffe paraît quelquefois nuancée de diverses couleurs, suivant qu'elle est vue de côté; mais c'est ici l'effet des verres, ou convexes, ou concaves; car les nuances dépendent de la manière que le reflet de la lumière frappe nos yeux et que son rayon passe, ou directement, ou obliquement, dans l'air atmosphérique, plus ou moins, comme à un diamant, à un arc-en-ciel, et sur le prisme, qui réfléchissent les couleurs répandues dans l'atmosphère, lesquelles couleurs ne proviennent que de la décomposition des métaux par l'oxigène, qui en fait une espèce de cahos; mais que l'étincelle électrique recompose, en donnant à chaque corps l'attraction nécessaire. En conséquence, l'immensité paraît bleue, parce que les extrémités de l'atmosphère étant composés d'hydrogène, le reflet direct de la lumière électrique par l'hydrogène produit les rayons d'azur. Mais si ce reflet est oblique, il nous paraît d'une autre couleur. Par exemple, les vapeurs qui s'élèvent de la terre, soit bitumineuses, soit sulfureuses, soit ferrugineuses et autres, qui se répandent dans l'atmosphère, font paraître ordinairement diverses couleurs dans l'air, le soir et le matin; notamment du rouge, parce que le fer est le métal le plus léger, en plus grande quantité sur notre globe, et que l'oxigène qui en est chargé s'élève le plus approximé de la ré-

gion hydrogénée : les rayons électriques frappant obliquement sur cette partie de l'atmosphère, nous la font paraître rouge; parce que
le rouge est le résultat de la décomposition du
fer, et que les rayons qui portent sur les extrémités de notre enveloppe hydrogénée, la tra-
versant obliquement, ne sont réfléchis d'azur
que par la partie supérieure, sans parvenir
jusqu'à nous.

La vraie lumière céleste est le fluide électrique pur, qui devient lumineux dans ce
qu'on appelle communément le vide, par l'attraction et la répulsion qui s'opèrent dans la
communication de ce même fluide existant
dans les globes environnans, parce qu'il se
trouve alors obligé de refluer sur lui-même,
et cette lumière, sans froid ni chaleur, donne
le blanc; le blanc est la teinte céleste, la
teinte primitive; et toutes les couleurs que
nous connaissons appartiennent à notre globe;
car la lumière, avant de parvenir jusqu'à
nous, a reçu diverses modifications. Ici elle
est chaude, là elle est froide; ici elle réfléchit
telle ou telle couleur, là elle les réfléchit
toutes; ici elle sert à la composition des corps,

Du fluide électrique pur, lumineux, qui donne le blanc.

là elle les décompose; ici elle colore une fleur, là elle décolore une étoffe, etc.

Qu'on peigne une machine ronde des sept couleurs, qu'on la tourne très-vite, le fluide électrique mis en action, et raréfié, pour ainsi dire, par ce mouvement de rotation, absorbera toutes ces couleurs par une teinte blanche de lis, qui frappera la vue d'une manière éblouissante.

En suivant la loi du mouvement de rotation, on ne peut admettre qu'une planète ou globe reçoive quelque chose d'un autre, ni chaleur, ni lumière, ni couleur, etc.

La lumière n'est pas plus la propriété d'un globe que d'un autre; elle appartient à toute la nature. Tous les globes nagent dans le fluide électrique, et en sont plus ou moins imbibés, suivant leur nature; de sorte qu'ils s'attirent et se repoussent successivement plus ou moins, suivant leurs mouvemens, leur grosseur et leur pesanteur spécifique; c'est cette attraction et cette répulsion plus ou moins forte, qui développe autour de leur atmosphère plus ou moins d'étincelles électriques, ou une lueur plus ou moins vive, selon que cette action a lieu plus ou moins directement ou par communication.

Il est facile de se rendre compte, en tournant un globe, qu'au-delà de l'atmosphère que lui forme ce mouvement de rotation, il y a attraction et répulsion au-dehors; mais qu'à partir de ce point de contact jusqu'au centre, il y a forces centripètes et centrifuges relatives. De sorte, qu'on peut dire que le mouvement aimante la nature, et que le frottement qui en résulte l'électrise; car l'un et l'autre entretiennent pour chaque corps constitué une atmosphère où réside les forces centripètes et centrifuges relatives; et, au-delà, celles attractives et répulsives, à l'égard des corps environnans.

On est donc forcé de convenir que chaque globe, chaque planète ou autre, a ce qui lui est nécessaire, même le calorique (c'est-à-dire le principe de la chaleur), en observant cependant que le plus ou moins de frottement et de pression, aux extrémités de son atmosphère par le passage d'une autre planète, peut, en refoulant ou étendant le fluide électrique, produire un grand changement dans chaque planète, sans cependant, pour cela, que l'une n'ait rien cédé à l'autre.

Quelle admirable prévoyance de l'Eternel! quelles merveilles inconcevables! Ce soleil, que les anciens adoraient comme la divinité, par le moyen duquel il nous semble s'opérer tant et tant de prodiges, qui semble nous donner l'existence, la chaleur, la lumière, etc., ne nous donne rien de ce qui lui appartient ; c'est un globe, comme celui que nous habitons, à quelques modifications près; la lumière n'est que le résultat du frottement des extrémités des atmosphères et de la pression qu'éprouve le fluide électrique.

La terre et ce qui en dépend, contient le calorique qui lui est nécessaire; ce calorique y est répandu partout, même dans l'air le plus froid ; que l'hiver, comme l'été, on comprime un peu d'air dans un tube, au moyen d'un piston, le fluide électrique se manifestera accompagné du calorique, puisqu'il enflammera ce qu'on lui présentera. Il est à croire que c'est ainsi que se sont manifestés ces grands incendies souterrains , qui nous donnent ces sources d'eau chaude, à côté même des sources d'eau froide ; telles qu'on les voit à Aix, en Provence, etc.

Notre globe solaire, tournant avec plus de rapidité que les autres globes qui l'environnent, et étant beaucoup plus gros, forme de ces globes un tourbillon ; il est, par conséquent le régulateur des forces attractives et répulsives de ce tourbillon et le centre de l'action électrique ; et si l'on ajoute à cela que le soleil est composé d'aimant, ses forces attractives et répulsives doivent être des plus extraordinaires, en raison de sa masse, puisqu'une pierre d'aimant attire et repousse à-peu-près sa pesanteur à une distance proportionnée.

Il est reconnu que les corps électrisés positivement électrisent ceux qui le sont négativement, en mettant leur fluide électrique en action, et les attirant pour les repousser ensuite ; de là, ces étincelles électriques, développées continuellement par l'attraction et la répulsion successive de chaque partie des globes de ce tourbillon, aux extrémités de l'atmosphère du globe central , que nous appelons pour cela soleil ; parce que ces rayons électriques qui lui forment , à une grande dis-

Du double anneau lumineux de Saturne.

tance, cette enveloppe lumineuse, nous le font paraître un globe de feu. Voilà l'explication du double anneau lumineux de Saturne, occasionné par ses satellites qui l'entourent, sur deux orbites, ou plutôt deux zodiaques; un de chaque côté de son équateur, où son mouvement est très-précipité, à cause de la grosseur de ce globe, cent fois plus gros que la terre, et qui a sept satellites, dont il est le centre de l'action électrique, et, pour ainsi dire, le globe solaire; formant une espèce de tourbillon secondaire, que le fluide électrique tient comme enchaîné aux extrémités du nôtre, et dont il fait le tour en vingt-neuf ans et demi, environ, étant éloigné de notre globe solaire de plus de trois cents millions de lieues.

Des comètes.

Quant aux globes que nous appelons comètes, ils appartiennent à des tourbillons voisins du nôtre; ceux du côté de son pôle étant aux extrémités de l'équateur de leur tourbillon, sont assez à notre portée pour que nous distinguions les étincelles électriques qui se prolongent, à leur équateur, du côté du globe central de leur tourbillon, et qui bordent leur atmosphère.

Les rayons qui nous semblent sortir du soleil, ne sont donc que le fluide électrique qui entoure son atmosphère, devenue lumineuse par l'attraction et la répulsion qui s'opère d'un globe sur l'autre, et par le moyen de tous les globes qui environnent le soleil et composent son tourbillon ; laquelle action électrique se communiquant plus ou moins directement au centre de notre globe, semble frapper la terre pour en faire sortir chaque jour un monde nouveau. Si les trois quarts environ d'azote, qui entre dans la composition de notre air atmosphérique, ne modifiaient cette action électrique, et si les corps idio-électriques n'en absorbaient une partie, elle nous tuerait.

On voit qu'une machine électrique, dont un des points parcourt environ cinq cents pieds par seconde, nous donne une très-forte commotion et beaucoup d'étincelles, que ne doit donc pas produire le mouvement de la terre dont un point de l'équateur parcourt neuf mille lieues en vingt-quatre heures, environ six lieues un quart par minute, et, à plus forte raison, celui du soleil, qui est un million de fois plus gros que la terre, et dont un point de l'équateur parcourt vingt-quatre lieues environ par minute. Il en résulte que ces deux actions électriques mises en rapport, et parvenant jusqu'à notre globe, plus ou moins directement, y développent du calorique en proportion du mouvement plus ou moins rapide de chaque partie du globe. Car, pendant qu'un point de l'équateur parcourt en vingt-quatre heures 360 degrés ou 9000 lieues, qui font le tour de la terre, un point près du pôle en parcourt à peine une, suivant sa proximité du centre du pôle ou de l'axe; ce qui dépend ensuite de telle ou telle partie de la terre correspondant avec un point plus ou moins rapproché de l'équateur du soleil, et que ce rapport est plus ou moins direct, de même que de l'étendue des atmosphères; car il est des points, aux extrémités de l'atmosphère de la terre, qui parcourent plus de trois cent mille lieues en vingt-quatre heures. On peut encore se rendre compte du mouvement de rotation, en regardant tourner les aiguilles d'une pendule; si la pendule a deux pieds de diamètre, le bout de l'aiguille qui marque les secondes parcourra six pieds par minute, tandis que

la même aiguille, à son pivot, ne parcourra qu'une ligne ou deux pendant le même
temps.

Le développement du calorique tient en- *Du calo-rique.*
core à des modifications qu'occasionnent les
différens sites; en outre, un corps idio-élec-
trique absorbe l'étincelle électrique sans la
réfléchir; c'est par cette raison que nous
voyons des taches noires dans le soleil, dans
la lune et dans les autres planètes, ces taches
noires n'étant autre chose que des étendues
d'eau, comme les mers. Les nuages absorbant
de même l'action électrique, ces espèces de *Des ta-ches noires du soleil.*
croûtes noires qu'on voit entre le soleil et le
fluide électrique lumineux qui entoure son
atmosphère, ne sont autres que des nuages
considérables alimentés par l'évaporation des
eaux de ses mers. On sait aussi qu'une montagne, de même qu'une inégalité à un globe,
empêche l'action électrique, au lieu de la
produire; de là vient que même sous l'équateur, les montagnes les plus hautes sont toujours couvertes de neige, et qu'elles reçoivent
la lumière sans développement de calorique.
L'eau, en état de solide, semble s'y jouer im-
punément de l'action électrique qui n'a pas

même besoin d'y être tempérée par l'azote, qui lui-même ne s'y trouve qu'en très-petite partie; cependant le principe de feu, et le calorique, et l'hydrogène, et l'oxigène, qui servent à l'alimenter dans l'air atmosphérique, s'y trouvent en grande abondance; mais le fluide électrique y est dans son état négatif, et l'hydrogène y est seul sous la forme de gaz.

Ailleurs que sur ces montagnes, le fluide électrique y remue tellement le calorique et l'oxigène, que, malgré la présence de l'azote qui tempère cette action, l'oxigène n'en décompose pas moins les métaux, les végétaux, enlève les couleurs, etc.; en s'unissant ensuite à l'hydrogène et au calorique, il forme l'eau et devient alors le peintre de la nature; car chaque plante en décomposant l'eau, s'empare de tout ce qui tient à son affinité, notamment des principes colorans qui la constituent, et que l'oxigène fixe sur elle pour s'échapper nu, se réunir de nouveau à l'azote pour former l'air propre à notre respiration. Cet oxigène s'y charge de fluide galvanique en oxidant les métaux, et devient par-là plus susceptible de recevoir l'action électrique, au

De l'oxigène, qui est le peintre de la nature.

moyen de l'hydrogène qui, dans cet état, attire à lui, à cet effet, l'oxigène aux extrémités de l'atmosphère, du côté du globe solaire, pour mettre cet oxigène en combustion, et reformer de l'eau, ainsi de suite.

Pour se rendre compte de l'effet que peut produire le fluide galvanique, qu'on forme une pile de différens métaux portant un pied cube, on verra que sans être agitée, elle répandra autour d'elle un fluide assez puissant pour faire mouvoir un corps mort, et pour décomposer l'eau. On ne peut donc douter de l'influence que doit avoir, dans l'air atmosphérique, le fluide galvanique oxigéné résultant de la décomposition et recomposition continuelle des différens métaux que contient notre globe; ce fluide se trouvant sans cesse agité et réuni dans l'air atmosphérique à l'action électrique, de sorte qu'on doit plutôt considérer ce fluide comme celui électrique qui se trouve galvanisé et oxigéné, puisque le fluide électrique est le seul fluide de la nature.

L'aiguille aimantée nous donne la preuve de l'influence métallique dans l'air, et de l'existence des atmosphères des corps ayant plus ou moins d'étendue. Deux morceaux de fer électrisés de la même manière, présentés, l'un devant l'autre à une certaine distance, se repoussent; mais, placés près l'un de l'autre, ils se réunissent au point de rester comme collés l'un à l'autre. C'est donc l'influence du mouvement de rotation précipité de l'équateur, qui repousse l'aiguille aimantée vers le nord, parce que le fluïde métallique étant plus aimanté par le frottement à l'équateur, produit sur l'aiguille aimantée la répulsion, en la dirigeant du côté opposé; car si l'on traverse l'équateur, l'aiguille se dirige de suite de l'autre côté. Ce n'est donc point attraction des pôles, parce que la nature y étant, pour ainsi dire, muette, ne peut porter cette influence jusque sous l'équateur où elle déploie tous ses moyens; c'est donc répulsion de l'équateur où toutes les forces sont en action, où tout est aimanté, et électrisé positivement.

Lorsqu'on veut aimanter une aiguille de boussole, on a soin de poser la pierre d'aimant sur un bout de l'aiguille et de la faire glisser sur l'autre bout. Celui qui a touché le dernier, se tourne au nord; et si l'on pose ensuite la pierre sur ce bout qui marque le nord, et qu'on la glisse sur celui du midi, l'aiguille est désaimantée : on imite donc en cela la nature, qui forme une espèce de courant sur la terre, de ce fluide électrique galvanisé, depuis l'equateur jusqu'aux pôles; il s'y mêle à l'hydrogène, et reforme dans la région supérieure un autre courant vers l'équateur, où il est attiré, pour être repoussé de nouveau.

On ne peut douter du rapport qui existe entre l'étincelle électrique et le fluide métallique ou galvanique, ainsi que l'aimant, et de leur influence dans l'air, surtout relativement au fer qui est le métal en majorité sur notre globe. Ne voit on pas l'homme, de même qu'un magicien, avec une baguette de fer, diriger la foudre? On sait que le goût de soufre et de phosphore qui en résulte, est produit par le fluide électrique et l'acide muriatique oxigéné.

Le fluide électrique est le fluide moteur de la nature. Tantôt positif, tantôt négatif, il est partout, mais il reçoit des modifications en s'unissant soit à l'oxigène, soit à l'hydrogène ou autres, en se galvanisant, en s'aimantant, etc.

L'hydrogène qui borde les extrémités de

notre atmosphère, reçoit l'étincelle électrique sans bruit ni commotion, parce qu'au-delà de l'air respirable, il n'y a point de corps sonores; de même qu'il n'y a point de corps sonores sans oxigène, qui est le véhicule du son. Un coup de canon tiré dans l'air sur une montagne, fait à peine l'effet d'un coup de pistolet tiré dans une plaine, parce que le moindre déplacement dans l'oxigène se fait entendre. On y entend le moindre mouvement, ne fût-ce que celui d'une araignée, et la plus petite étincelle électrique y produit une commotion. Si vous passez la main sur le dos d'un chat, de sa queue à sa tête, le fluide électrique qu'il contient éprouvant une pression, l'étincelle électrique se manifeste avec bruit. Le fluide électrique que contient cet animal, est tellement sans cesse en action, qu'il semble lancer l'étincelle électrique par ses yeux, qu'il s'éclaire la nuit, et que la souris dont le regard se trouve en contact avec lui, est électrisée de manière à ne pouvoir lui échapper.

Le bruit de la foudre est le résultat d'une commotion électrique dans l'air atmosphérique. Deux nuages électrisés de même manière, se repoussent; un troisième, qui, étant électrisé négativement, est attiré par l'un des deux, marche dans un sens contraire à celui qui est repoussé; il y a, dans ce cas, froissement et pression d'air atmosphérique, il en résulte que le développement des étincelles électriques se fait entendre comme un roulement, suivant qu'il y a plus ou moins de dégagement de calorique; ce qui n'a pas lieu l'hiver, parce que les nuages recevant moins d'action électrique, ne s'attirent que faiblement, et que l'action électrique, provenant du globe solaire, est tellement oblique, que la terre s'en ressent à peine dans cette partie, qui correspond alors avec un cercle plus rapproché d'un des pôles du soleil, dont les rayons nous paraissent en conséquence plus courts.

Qu'on veuille examiner le soleil, n'y voit-on pas ces titillations d'étincelles continuelles qui, comme des dards, pénètrent, se brisent et rendraient même aveugle, si l'on persistait à les fixer, malgré que l'azote de notre air atmosphérique en tempère beaucoup l'action? Une lumière, un feu, un incendie, tels qu'on veuille les composer, produiraient-ils un tel effet à des millions de lieues de distance comme est le soleil. Plus nous approchons d'un feu, plus nous éprouvons de chaleur, et c'est ici le contraire; que même à l'équateur, nous montions sur la montagne la plus élevée, qui présente une surface de plusieurs lieues, nous y ressentirons un froid insupportable; cependant que nous y prenions un verre, nous y allumerons du feu. Le métal le plus pur, exposé à tel feu que ce soit, réfléchirait-il la lumière de manière à être vu à des millions de lieues? Quelle autre lumière, que celle de l'étincelle électrique, pourrait se réfléchir d'un globe sur l'autre à des distances aussi éloignées, telle que Jupiter à 175 millions de lieues? En supposant que cette lumière ne se perdît pas dans l'espace, combien de temps faudrait-il à une lumière, autre que celle produite par l'action électrique, pour parvenir tous les matins jusqu'à nous? Que cent personnes, deux cents (enfin tant qu'on voudra), se tiennent par la main à des distances les plus éloignées possibles, la dernière rendra l'étincelle électrique au même instant que la première l'aura reçue; soit en touchant une machine électrique, soit un conducteur, soit même, la bouteille de Leide;

c'est-à-dire, une bouteille, qui aura été char-
gée fortement de fluide électrique, au moyen
d'un globe de verre.

Ne voyons-nous pas, dès le commencement
de l'aurore, l'étincelle électrique sillonner
dans les cieux, et frapper le sommet de notre
horison, bien avant que le soleil ne paraisse
sur ses bords. Cet horison lumineux a déjà
transmis à la terre cette action électrique, en
a fait sortir du calorique, a agité le fluide galvanique, qui a dilaté une partie de l'eau, et
l'a changée en vapeur, ce qui forme les brouil-
lards; paraît ensuite sur l'horison le soleil ra-
dieux, dont les bienfaits ont devancé sa présence. Cette eau, qui vient d'être changée en
vapeur, recevant alors l'action électrique, est
bientôt repoussée vers la terre, où elle tombe
en rosée.

On sait que le fluide électrique pur, dégagé, par conséquent, d'air atmosphérique,
devient lumineux par la moindre pression.
Pour s'en rendre compte, qu'on fasse ce qu'on
appelle le vide, dans un globe de verre, qu'on
y applique un conducteur, ce globe deviendra
lumineux.

La mer offre le soir une lumière éclatante,

De la lumière qu'offrent le soir les eaux de la mer.

parce que le fluide électrique quelle a absorbé pendant la journée, s'unissant à l'hydrogène, prend l'éclat de la lumière, jusqu'à ce que ce fluide ait pu mettre en action assez de calo-

Du fluide électrique galvanisé, qui décompose l'eau.

rique et se galvaniser, de manière à pouvoir changer en gaz la superficie de l'eau; lesquels gaz se trouvant ainsi électrisés positivement, se répandent dans l'atmosphère, qui l'est alors négativement. L'oxigène, par ce moyen, se mêle dans l'air atmosphérique, pour se rendre plus propre à notre respiration, etc., et l'hydrogène s'élève au-dessus, pour nous transmettre l'étincelle électrique.

Si le soleil était un feu ardent, tel qu'on a voulu le démontrer, les nuages ne nous tomberaient-ils pas bouillans? Tandis que, plus ils sont élevés, plus ils sont en état de congellation; dans les pays les plus chauds, même sous l'équateur, n'y voit-on pas des montagnes d'une grande étendue, toujours couvertes de neige, et cependant elles n'en possèdent pas moins leur calorique, comme les autres parties du globe, mais il n'est pas mis en action; parce que ces montagnes, comme des corps isolés de la rotondité de la terre, empêchent l'action électrique, au lieu de la produire; en conséquence, point de végétation sur ces hautes montagnes, et une grande dans les contrées polaires, parce qu'elles reçoivent l'action électrique pendant six mois consécutifs.

Si le soleil était un feu, que ferait le verre à une telle distance ? tandis qu'exposé à l'action électrique, il forme un faisceau de rayons assez puissans, pour décomposer l'air, en agitant le calorique et le fluide galvanique, et pour mettre l'oxigène en combustion. Ce qui s'opérerait sans verre, à chaque instant, si l'azote, qui est réuni à l'oxigène, pour former l'air atmosphérique, ne l'en empêchait.

On sait que rien n'est plus propre à la vertu électrique que le verre, aussi l'emploie-t-on pour précipiter une végétation; et, loin d'attendre du soleil la chaleur, on réunit en couche des matières qui contiennent beaucoup de calorique, et, pour le concentrer, on couvre cette couche de verre, qui, doublant et triplant l'action électrique, développe ce calorique, le met dans une action continuelle, ainsi que le fluide galvanique. L'eau, avec laquelle on arrose cette couche, se décompose, elle alimente les plantes; l'oxigène de l'eau y imprime les couleurs; l'action électrique frappant sans cesse la terre, en fait sortir des vapeurs douces, qui, arrêtées par le verre électrisé positivement, les repousse sur les plantes et les féconde ainsi plusieurs fois par jour. Serait-ce un feu ardent qui produirait ces merveilles?

Nous sommes sans cesse possesseurs du calorique nécessaire à notre existence; mais c'est l'action électrique qui développe en nous ce calorique. C'est le fluide électrique qui, cherchant continuellement à se mettre en équilibre, pénètre sans cesse tous les corps, et agite la nature; car, l'hiver, si nous avions assez de forces physiques pour remplacer, par du mouvement, cette action électrique que nous recevons l'été, nous agiterions le calorique, qui tient à notre constitution et celui qui nous environne, alors nous aurions très-chaud ; c'est ce qui s'opère, lorsque nous travaillons à un ouvrage pénible, ou que nous courons, même dans les temps les plus froids.

On ne peut pas dire que cette chaleur nous vient dans ce cas du soleil, surtout, si nous faisons cette opération la nuit.

On peut donc, au contraire, assurer que ce

n'est pas la chaleur du soleil qui établit la végétation ; que le soleil ne donne point de calorique à la terre, mais que le fluide électrique, mis en action sur la terre où il est répandu comme par torrent, opère tous ces prodiges ; que l'étincelle électrique est la lumière sacrée, la seule lumière de l'univers, et que toute autre qu'on pourrait imaginer, ne serait jamais qu'une lumière indigne du Créateur.

La lumière céleste est donc ce fluide électrique pur, lumineux sans chaleur, mais qui devient un feu plus ou moins ardent, quand il est réuni à un corps plus ou moins combustible, et suivant que ce corps contient du calorique. *Des modifications de la lumière.*

Les anciens avaient reconnu quatre élémens, qu'on avait dénommés le feu, l'air, l'eau et la terre ; on est parvenu de nos jours *Des quatre élémens anciens.* à les décomposer et à en former cinq, qu'on *Des cinq nouveaux élémens.* nomme le calorique, l'azote, l'oxigène, l'hydrogène et le carbone : mais il faut en ajouter un sixième, qui les pénètre tous, c'est *D'un sixième à ajouter.* le fluide électrique, qu'on peut considérer comme le ressort général, l'élasticité de la nature, et qui l'aimante.

Il paraît qu'avant les découvertes nou-velles, moins éclairé sur la science certaine, on prenait la chose pour le principe; mais on n'en reconnaissait pas moins qu'il y avait mélange continuel des élémens : comme aujourd'hui on reconnaît que l'oxigène, réuni à l'azote, forme l'air atmosphérique, et à l'hydrogène, forme de l'eau, etc. Tout se résume donc à dire que de la matière et du mouvement suffisent au Dieu tout-puissant, pour l'organisation et l'entretien de tant de mondes, qui remplissent l'immensité.

Le soleil, les planètes, les comètes, les étoiles, etc., sont autant de globes flottant, dans le fluide électrique, dans des flots de lumière. Ces quantités innombrables de globes sont divisés par tourbillons, lesquels ont au centre pour régulateur, un globe solaire, qui y représente le père de la nature, et qui semble être le dispensateur de ses bienfaits. Dans chaque globe, les habitans sont divisés par peuplade, ayant un chef légitime pour le meilleur ordre et la plus grande sûreté de tous, et enfin ces peuplades sont divisées par famille, dont le père est le chef naturel. Tous ces chefs légitimes représentent le dieu de l'univers, et tous leurs pouvoirs en sont une émanation : tel est l'ordre que prescrit la nature, et tout ce qui s'en éloigne tend à sa propre dissolution; de même, qu'une plante qui est séparée de la terre est bientôt anéantie.

Aucun de ces globes ne peut s'écarter de la route tracée, parce que tout dans l'univers a des propriétés émanées de la volonté suprême, d'après des dispositions, un dessein et des principes, dont la combinaison et la marche des choses ne sont que les résultats.

Tous ces globes sont comme enchaînés les uns aux autres, par le fluide électrique, et sont, par conséquent, tous dans un état d'électricité continuelle, soit négatif, soit absolu, tantôt dans telle partie, tantôt dans telle autre.

Quelle belle découverte que celle de l'électricité et du galvanisme! Celle de l'électricité embrasse tout l'univers, et celle du galvanisme, que nous connaissons, est relative à notre globe.

Que deviendraient tous les gaz sans le fluide électrique, ou plutôt que seraient les mondes sans la source de la lumière? Il nous a été clairement démontré que tout ce qui existait dans la nature renfermait une certaine quantité de fluide électrique, et que chaque corps était environné d'une atmosphère électrique ; il est facile de se convaincre que ce fluide est succeptible ou de perdre une partie de son action par le repos, ou d'en acquérir par le mouvement ; le corps qui en acquière est dans un état d'électricité positive, et celui qui en perd est dans un état d'électricité négative. Les atmosphères des corps doués d'une électricité positive, se repoussent ; dans des états différens, elles s'attirent, et enfin il résulte des aigrettes lumineuses, etc. Ces faits, dont on peut chaque jour se rendre compte, nous prouvent qu'au lieu de chercher à alimenter la lumière du soleil et sa chaleur, tantôt d'une manière, tantôt d'une autre, qu'au lieu d'en faire un monde de feu, ou un incendie continuel alimenté par des mondes, qui de telle manière qu'on la supposerait ne pourrait nous donner la moindre chaleur ; on doit voir dans l'électricité des moyens plus dignes du Créateur pour éclairer ce vaste univers.

Quoi ! lorsqu'avec un peu de mouvement que nous donnons à un globe, nous en faisons une machine électrique; lorsqu'en comprimant un peu d'air dans un tube, au moyen d'un piston, nous parvenons à dérober, pour ainsi dire, le feu du ciel ; nos yeux se refuseraient à l'évidence, et nous préférerions encore trouver de la ressemblance entre le soleil et un tison ardent qui nous brûle, plutôt que dans cette étincelle électrique, qui pénètre et vivifie tous les corps, loin de les consumer. Ouvrons donc les yeux, et voyons quel rapport existe entre les extrémités de l'atmosphère d'une machine électrique, qui met le fluide électrique en action par le mouvement et développe l'étincelle; et entre le gaz hydrogène ou inflammable qui borde notre atmosphère, sans cesse alimentée, sans cesse renouvelée : à quoi servirait-il? que deviendrait-il? quel serait le but du Créateur? si ce n'était pour nous transmettre ces étincelles électriques qui composent la lumière céleste.

La terre fait tous les jours un tour sur son axe devant le soleil comme l'aiguille d'une pendule qui marquerait vingt-quatre heures. Il en résulte les jours et les nuits, parce que les étincelles électriques ne se manifestent que successivement sur les parties présentées à l'atmosphère du soleil : ces parties, lorsqu'elles se présentent, au moyen de l'attraction, sont dans un état d'électricité négative, elles deviennent bientôt dans un état d'électricité positive, et sont alors repoussées. Dans ce cas, l'attraction, pour chaque partie, y donne l'aurore, et la répulsion le crépulcule. Cette attraction d'un côté et cette répulsion de l'autre, entretiennent le mouvement de rotation, et rendent lumineux le fluide électrique qui se trouve entre les atmosphères du soleil et de la terre.

De l'aurore et du crépuscule.

Les pôles recevant pendant six mois l'action électrique sans interruption, sont repoussés et attirés successivement tour à tour chacun une fois l'année, et voilà la cause qui amène les saisons. Il résulte qu'un pôle qui ne reçoit qu'une faible action électrique, mais pendant quatre mois sans interruption, contient alors plus de fluide électrique en action, que l'équateur qui reçoit une forte action électrique pendant douze heures, mais qui s'en décharge chaque nuit aussi pendant douze heures, puisque les jours et les nuits y sont égaux toute l'année. De sorte que cette grande quantité de fluide élec-

Du mouvement qui donne les saisons.

trique en action rend la végétation très-abon-
dante et plus précipitée dans les pays voisins
des pôles que dans tous autres; ce qui est d'autant plus nécessaire, qu'à peine y a-t-il quatre
mois d'une neige à l'autre. C'est donc le fluide
électrique qui y développe le calorique, puisque la grande quantité de ce fluide, mis en
action une fois l'année dans ces contrées polaires, y opère tant et tant de prodiges. Aussi
dès que le soleil a quitté cet horison, ce fluide
qui a été tellement agité dans cette partie de
la terre, semble s'y répandre comme par torrent, s'élève aux extrémités de l'atmosphère
qui a peu d'étendue, se met en rapport avec
le fluide électrique qui l'entoure et le met en
action en le rendant lumineux. C'est ce qui
forme cette aurore boréale que nous voyons la
nuit du côté du zénith comme une écharpe
de lumière; parce que cette atmosphère se trouvant alors dans le même état d'électricité que
le fluide qui l'entoure, il s'opère une répulsion, celui-ci devient lumineux, et celui de
l'atmosphère est refoulé vers la terre, électrisée négativement, et qui devient alors électrisée positivement; de sorte que cet échange
d'action électrique, négativement et positive-

De l'au-
rore bo-
réale.

ment, a lieu successivement de la terre à l'atmosphère pendant quelques mois, et entretient pendant ce temps pour ces contrées une espèce d'aurore qui leur tient lieu de jour, sans la participation du soleil, laquelle aurore cesse lorsque l'équilibre s'étant rétabli de l'atmosphère à la terre, il y a électricité négative dans les deux parties, c'est-à-dire, absence d'action.

Un corps une fois électrisé positivement, n'est susceptible de recevoir de nouveau l'action électrique, qu'après avoir transmis cette action à un autre corps, c'est ce qui s'opère à l'égard des globes qu'on nomma satellites, telle que la lune pour la terre, qui l'entraîne avec elle autour du soleil annuellement, et la terre par son mouvement diurne ou de rotation journalière, fait décrire à la lune une orbite autour d'elle tous les vingt-neuf jours environ; de sorte que la terre se trouve tous les quinze jours à peu près sur la même ligne parallèle avec le soleil et la lune, et par conséquent tous les mois entre la lune et le soleil, et c'est ce que nous appelons pleine lune; elle nous présente alors une partie qui a reçu pendant quinze jours et quinze nuits l'action électrique du soleil, et

De la pleine lune.

qui étant par conséquent électrisée positivement, produit attraction sur les parties de
notre globe électrisées négativement, et répulsion sur celles qui le sont positivement; il
y a par ce moyen une forte pression sur l'atmosphère à l'équateur chaque douze heures
du côté de la lune et successivement du côté du
soleil.

Lorsque la lune se trouve de même tous les
mois entre le soleil et la terre, ce que nous appelons nouvelle lune, chaque partie de l'équa-
teur de la terre reçoit donc l'action électrique _De la nouvelle lune._
du soleil pendant douze heures; de sorte,
qu'indépendamment de l'attraction et de la
répulsion du soleil à l'égard de la terre, il y a
chaque douze heures échange d'action électrique de la terre à la lune et de la lune à la terre. Par
conséquent, répulsion pendant six heures et
attraction pendant six heures, ce qui occa-
sionne les marées qui sont plus ou moins fortes _Des marées._
selon que l'attraction et la répulsion sont di-
rectes entre ces trois globes. La mer Méditerranée et la mer Baltique se ressentent à peine
de cette pression, parce que ces mers sont éloignées de l'équateur, et qu'entre trois globes,
tournant sur leurs axes, et à peu près sur la

même ligne, il n'y a pression qu'aux équateurs.

Les expériences physiques sont assez généralement connues, ainsi que leur résultat, et il est assez facile de s'en rendre compte pour l'intelligence de ce système ; de sorte qu'on pense qu'il est inutile d'entrer dans de plus longs détails ; cependant, pour faciliter les comparaisons, on va parler séparément ci-après du soleil et de chaque planète de son tourbillon ; rapporter les distances de chacune d'elles au soleil, l'étendue de leurs révolutions, etc. Pour simplifier les calculs, on réduira le tout en degrés terrestres de 25 lieues de France, calculé sur l'équateur, divisé en 360 degrés, qui donnent 9,000 lieues. Si l'on divisait de même l'équateur du soleil en 360 degrés, chacun de ses degrés aurait 100 degrés terrestres ou 2,500 lieues ; ainsi des globes, comparativement. L'on réduira de même toutes les distances en degrés terrestres, fractions négligées ; et l'on établira la marche par heure de temps, afin de réduire les calculs le plus possible.

DU SOLEIL.

Le soleil est un globe habité comme la terre, il est composé d'aimant, il a ses montagnes, ses forêts, ses mers, ses rivières, etc. Son mouvement, quoique des plus lents à ses pôles, est très-précipité à son équateur à cause de sa grosseur, et il est le globe central de notre tourbillon, tourne sur son axe en 25 jours 6 heures, il a environ 12,000 degrés terrestres de diamètre, un point de son équateur parcourt par heure de temps, 58 degrés deux tiers, ou 1400 lieues environ.

Son atmosphère a près de 300,000 degrés terrestres d'étendue à son équateur, où résident les forces centripètes et centrifuges les plus considérables, et, où l'attraction et la répulsion se font sentir à plus de 12,000,000 degrés terrestres de son centre. Au moyen de l'impulsion que donne son mouvement de rotation au fluide électrique pur qui se trouve entre son atmosphère et celles des globes qui l'environnent, il forme de ces globes un tourbillon ; ces globes attirés et repoussés

tour-à-tour, compriment le fluide électrique
intermédiaire et lui donne une espèce d'élasticité; les étincelles électriques se manifestent
et forment continuellement autour de l'atmosphère du soleil, autant de faisceaux de
lumière, qu'il y a de planètes, qui se dirigent
sur chacune d'elles jusqu'à leurs atmosphères
et celles de leurs satellites, laquelle lumière,
est réfléchie d'un globe sur l'autre à de très-
grandes distances, au moyen de l'action électrique, reçue et rendue successivement.

Le soleil n'étant pas environné de globes
de toute part, et les étincelles électriques ne
se manifestant que dans la direction des globes, il fait nuit dans les autres parties. Les
taches noires qu'on y voit sont occasionnées
par des étendues d'eau, telles que les mers;
quant à ce qui nous semble des croûtes
noires détachées du soleil, ce sont des nuages
très-épais, parce que les étendues d'eaux ab-
sorbent l'étincelle électrique loin de la réfléchir.

L'étendue de l'atmosphère du soleil est, en
raison de sa grosseur, de sa pesanteur et de
son mouvement, comme son impulsion au-
delà; elle diminue en conséquence de l'éloi-

gnement de son équateur et du rapproche-
ment des pôles ; il en résulte que plus les planètes qui l'entourent sont grosses, plus elles
sont éloignées du soleil, mais aussi, plus elles
sont en direction avec son équateur ; parceque
plus l'atmosphère a d'étendue, plus les forces
attractives et répulsives sont considérables.

Chaque point de l'équaieur du soleil ayant
aux extrémités de son atmosphère un mouvement beaucoup plus précipité que celui
d'aucun des globes qui l'entourent, il en
résulte un frottement considérable, qui en
fait un globe d'aimant, et lui fait en même
temps réunir, à cause de sa grosseur et de son
mouvement précipité, une action électrique
des plus fortes et qui est continuelle ; c'est ainsi
qu'il forme, de tous les globes qui l'environnent,
un tourbillon, dans une étendue de 15 de ses
degrés à son équateur ; le soleil divisé en
360 degrés comme la terre, ces 15 degrés solaires donnent 1500 degrés terrestres. Les
cercles plus rapprochés de ses pôles ne pourraient d'ailleurs avoir assez de mouvement,
et par conséquent assez de forces attractives
et répulsives, pour enchaîner ces globes à notre
système planétaire.

Chaque planète parcourt donc autour du soleil une orbite plus ou moins rapprochée de la direction de son équateur, suivant sa propre pesanteur spécifique et sa grosseur ; et il est d'autant plus rapproché du globe solaire, que ce cercle ou orbite est lui - même éloigné de l'équateur, et rapproché d'un pôle.

Le soleil donne, en conséquence, à chacun des gros globes ou planètes de son tourbillon, une impulsion suivant leur grosseur et pesanteur et encore en raison de leur direction avec son équateur. Le même résultat a lieu de ces planètes à l'égard des petits globes ou satellites qui les environnent. Il convient donc de diviser tous les globes de notre tourbillon, en globes du premier ordre et en globes du deuxième ordre.

Il est donc démontré, par les expériences physiques, qu'un corps qui a reçu l'action électrique n'est susceptible de la recevoir de nouveau qu'après l'avoir communiquée à un autre, et c'est ce qui a lieu des globes du premier ordre, à l'égard des globes du deuxième ordre, qu'on nomme pour cela satellites des premiers.

Les globes du premier ordre sont donc

ceux qui, par une action électrique réciproque avec l'un d'eux, se communiquent directement l'impulsion du mouvement et la
donnent à d'autres globes du deuxième ordre,
ou satellites.

Les globes du premier ordre, se divisent
en deux classes. Ils contiennent tous de l'aimant, ceux de la première classe, c'est-à-dire;
les globes solaires, en sont composés en grande
partie.

Les soleils forment la première classe,
parce qu'au centre de leur tourbillon, réunis-
sant les forces attractives, répulsives, et l'action électrique, ils en sont les régulateurs directs
à l'égard des autres globes du premier ordre;
malgré que l'action électrique soit réciproque
des uns aux autres; mais parce que leur masse
offrant plus de résistance, ils ne peuvent se
ressentir de l'attraction et de la répulsion générale des autres globes, que sous le rapport
de leurs mouvemens de rotation; tandis que
notre globe solaire, par exemple, force tous les
autres globes de son tourbillon, de céder sous
tous les rapports à cette attraction et répulsion, notamment à tourner sur leurs axes, et
à décrire en même temps une orbite autour
de lui.

Des glo-
be- du 1er
ordre.

Les globes de deuxième classe du premier ordre sont pour notre tourbillon , la terre, Jupiter et Saturne.

Les satellites ou globes du deuxième ordre, sont au nombre de 15 , et se divisent de même en deux classes; dans la première classe des globes du deuxième ordre, sont les satellites du soleil , au nombre de trois :

Mercure, Vénus et Mars.

Dans la deuxième classe , sont les satellites des autres globes du premier ordre, savoir : la lune, satellite de la terre, les 4 satellites de Jupiter et les 7 satellites de Saturne.

L'action électrique est donc réciproque et directe du soleil aux autres globes du premier ordre; des deux côtés, les parties électrisées positivement se repoussent, et celles électrisées différemment s'attirent; c'est ainsi que le mouvement de rotation , s'entretient. Les pôles sont attirés et repoussés de même, tour-à-tour, ce qui donne lieu à un balancement périodique et réglé. Indépendamment de ces mouvemens qui sont réciproques, le moindre globe cédant au plus gros, est entraîné par lui et avance sur son orbite; par suite, chacun des globes du premier ordre donne à ses satellites une impulsion en conséquence de celle qu'il reçoit et suivant la grosseur du satellite.

Tout globe qui n'a point de satellite, ne peut être considéré comme globe primitif ou planète du premier ordre. En conséquence, Mercure, Vénus et Mars, appartiennent au deuxième ordre; ces trois globes tournent autour du soleil, comme la lune autour de la terre, comme les 4 satellites de Jupiter, et les 7 satellites de Saturne, et quand on considère la nécessité bien démontrée des satellites pour entretenir, à l'égard du soleil, de même que des autres planètes du premier ordre, la vertu attractive et répulsive, le mouvement de rotation, etc., on ne peut se refuser à la conviction que ces trois planètes ne soient les satellites du soleil ; elles sont beaucoup plus petites que la terre, et Mercure est encore, plus particulièrement à l'égard du soleil, ce qu'est la lune à l'égard de la terre. Le soleil qui tourne sur son axe en 25 jours, fait parcourir à Mercure un cercle autour de lui en 85 jours, et la terre tournant sur son axe en 24 heures, fait tourner, autour d'elle, la lune en 29 jours environ. On ne peut donc pas

disconvenir que Mercure ne soit au moins
autant satellite du soleil que la lune l'est de
la terre, le diamètre de Mercure, n'étant
d'ailleurs, qu'un tiers de plus que celui de la
lune.

Quant à Vénus et Mars, ils sont moindres
que la terre, et tournent autour du soleil de
même que Mercure, sans satellites. Ils ne sont
donc pas des globes du premier ordre, et sont
en conséquence, de même que Mercure, des
satellites du soleil; et ces trois satellites décrivent autour de lui des orbites différentes.

Les cercles polaires divisés (comme à la
terre) en 360 degrés, chacun de ces degrés
aurait 2500 lieues ou 100 degrés terrestres
environ. L'inclinaison de son équateur à l'é-
gard de celui de la terre, par son balancement, varie jusqu'à 8 degrés de son centre,
ou 800 degrés terrestres, tantôt plus, tantôt
moins, en raison de l'action électrique qui
repousse un pôle électrisé positivement, et attire celui électrisé négativement.

Aucun globe n'est éloigné de la direction
du centre de l'équateur du soleil, de plus de
8 degrés solaires, parce qu'au-delà, en se rap-
prochant des pôles, le mouvement de rota-

tion est déjà diminué de vitesse, et les forces attractives sont trop faibles pour y enchaîner d'autres globes au char du soleil.

Le zodiaque du soleil n'a donc qu'environ 16 degrés d'etendue, et dans cet espace sont les orbites de toutes les. planètes du tourbillon. Ces globes passent d'autant plus près du soleil, qu'ils décrivent dans le zodiaque solaire une orbite plus rapprochée d'un de ses pôles.

Toutes les planètes tournent dans le même sens sur leur axe et autour du soleil, d'occident en orient, et les satellites suivent les mouvemens de leurs planètes. L'impulsion est une; elle ne peut imprimer des mouvemens dans des sens opposés les uns aux autres, et il ne peut y avoir de différence que dans la vitesse de tel ou tel mouvement remplacé par tel ou tel autre. Les globes les plus gros et les plus pesans tournent plus vîte que les petits sur leur axe, mais ils avancent moins vite sur leur orbite. Il en est de même, si l'on veut, en tournant soi-même, faire mouvoir autour de soi un gros globe et un petit; on emportera facilement le petit, tandis qu'on ne pourra que faire rouler le gros.

Tous les globes, ainsi que ceux dont les satellites nous semblent tourner dans un sens opposé au nôtre, ne peuvent appartenir à notre système planétaire, c'est-à-dire, à notre tourbillon ; mais ils appartiennent à d'autres tourbillons qui avoisinent le nôtre, soit dans la direction de l'équateur de notre globe solaire, qui forme de même l'équateur du tourbillon, alors ils sont plus éloignés du soleil qu'aucun globe du tourbillon (tel qu'Herschel); soit dans la direction de son pôle, alors ils en passent souvent plus près qu'aucun globe de notre tourbillon (telle que la comète de 1780, qui passa cent soixante-seize fois plus près du soleil que la terre), selon encore que cette comète est placée sur un orbite plus ou moins rapproché de l'équateur de son globe solaire (telle que la comète de 1811 qui était assez à notre portée, pour que nous apercevions les étincelles électriques qui se prolongeaient en faisceaux de lumière, du côté de son globe solaire), etc.

Les tourbillons étant placés dans l'univers, de manière à laisser entre eux le moins d'espace possible, les comètes qui passent le plus loin de notre globe solaire, appartiennent à

un tourbillon qui se trouve parallèle avec
le nôtre; et celles qui passent le plus près,
appartiennent à un tourbillon placé entre un
pôle du nôtre et celui d'un tourbillon parallèle, soit d'un côté, soit de l'autre.

Les comètes qui sont placées aux extrémités
de leur tourbillon (comme Saturne l'est à
l'égard du nôtre), nous semblent lui appartenir; telle que la comète qui parut en 1680,
dont le mouvement parut d'autant plus direct, qu'elle sembla, pour ainsi dire, faire
en partie le tour du pôle du soleil, et en passant cent soixante-six fois plus près de notre
globe solaire, que la terre dans sa plus petite
distance.

Tous les tourbillons comme toutes les planètes, tournent d'occident en orient relativement à leur globe central ou solaire; mais il
résulte que les globes qui appartiennent à un
tourbillon placé à la droite du nôtre, semblent tourner d'orient en occident, quand
ceux placés à la gauche semblent tourner
d'occident en orient; c'est le mouvement de
notre globe sur son axe, qui trompe nos sens.
Il en est de même de trois personnes qui
parcourent dans le même sens trois cercles

tracés à côté l'un de l'autre. Lorsqu'elles se rencontrent aux nœuds qui joignent ces cercles, il leur semble qu'elles marchent dans un sens opposé. Celle qui est placée au milieu, voit s'approcher d'elle celle de droite lorsqu'elle monte, et celle de gauche lorsqu'elle descend. C'est ainsi que les satellites d'Herschel nous semblent tourner dans un sens opposé aux satellites de Saturne, de Jupiter et de la terre, etc., parce que cette planète n'est qu'une comète appartenant à un tourbillon voisin de notre équateur, et qu'elle tourne si lentement sur son orbite, avec son tourbillon d'occident en orient, qu'elle n'est visible que tous les quatre-vingt-trois ans et demi environ, passant pour le plus près de la terre, à 21,000,000 de degrés terrestres, et près de 23,000,000 de notre globe solaire.

Quant aux comètes que nous voyons lumineuses, les faisceaux de lumière qui se dirigent d'un autre côté que notre globe solaire, nous prouvent évidemment qu'elles ne peuvent appartenir à notre tourbillon, et que ce faisceau de lumière n'est que le fluide électrique pur qui est entre leur atmosphère et celle de leur globe solaire, rendu en partie lumineux par l'attraction et la répulsion, qui est d'autant plus forte que leur équateur est direct avec celui de leur globe solaire, et d'autant plus visible pour nous, qu'étant aux extrémités de leur tourbillon, elles croisent, pour ainsi dire, notre tourbillon, en décrivant leur orbite autour du leur; comme deux grandes roues qu'on croiserait l'une sur l'autre, plus ou moins, jusqu'aux essieux; parce que les pôles du soleil, où l'atmosphère a très-peu d'étendue, en raison des mouvemens très-peu sensibles, ne mettent aucun obstacle au passage de ces comètes, même à 10,000 degrés terrestres de distance, qui semblent être, de ces côtés, les limites de notre tourbillon; et ces comètes lumineuses sont à l'égard de leur tourbillon, ce que Saturne est au nôtre, comme le globe lumineux d'un tourbillon secondaire. Il en résulte que des comètes pourraient passer assez près de notre soleil pour le faire dévier, c'est-à-dire, y opérer un balancement par la pression et la répulsion, faire par ce moyen correspondre un de nos pôles avec un point plus rapproché de l'équateur de notre globe solaire, faire fondre rapidement, à notre pôle, toutes les glaces qui y sont amoncelées, et causer ainsi un déluge tel que celui de Noé, qui arriva 2349 ans avant notre ère; le tout sans qu'un globe n'ait rien cédé à l'autre, mais parce qu'une plus forte attraction et répulsion qu'à l'ordinaire, aurait augmenté l'actrion électrique à l'égard d'un de nos pôles, y aurait développé tout à coup le calorique, et l'aurait fait dévier au point de changer de place l'équateur de la terre.

MERCURE.

C'est un globe habité comme la terre (à la variation des êtres près); il est au soleil ce que la lune est à la terre; c'est le globe le plus près du soleil. Il en est le premier satellite, c'est-à-dire qu'il est un des globes qui contribuent le plus directement à entretenir le globe solaire dans un état propre à cette action électrique continuelle qui donne la lumière. On le croit composé, en grande partie, de mercure; il tourne à peine sur son axe, mais sa marche est des plus rapides sur l'orbite, qu'il parcourt autour du soleil.

Mercure a 42 degrés terrestres de diamètre; il est éloigné du soleil, dans sa

moyenne distance, de 502,550 degrés terrestres, et son orbite autour du soleil, ou
cercle irrégulier, a 3,051,324 degrés terrestres d'étendue, qu'il parcourt en 85 jours
23 heures un quart; de sorte que sa marche
est de 1478 degrés terrestres par heure de
temps, pendant qu'un point de son équateur
fait à peu près le même mouvement que le
soleil sur son axe. Il passe tous les trois mois
environ, pour le plus près de la terre, à
660,000 degrés terrestres. Ses années sont de
85 jours 23 heures un quart des nôtres; mais
ses jours sont à son équateur d'environ 22 de
nos jours, et ses pôles étant attirés et repoussés
tour à tour, n'ont qu'un jour et une nuit dans
son année.

Il correspond avec un point, qui est éloigné de l'équateur du soleil, d'environ 5 degrés solaires, et l'action électrique qu'il en
reçoit est encore tempérée par la rapidité de
sa marche sur son orbite; cependant, comme
satellite du soleil, Mercure n'en contribue
pas moins à le rendre sans cesse propre à l'attraction et la répulsion, comme la lune pour
la terre.

Ce globe a des rivières, des étendues d'eau,

comme des mers ou des lacs, mais de très-pe-
tites montagnes. Son mouvement de rotation
étant à peine sensible, son atmosphère a peu
d'étendue, même à son équateur; mais il est
comme emporté sur son orbite, par la rotation du soleil.

VÉNUS.

Vénus est un globe habité comme la
terre; il a des montagnes, des rivières, des
mers, etc.; le cuivre y est en majorité. Il a
104 degrés terrestres de diamètre, et tourne
sur son axe en 23 jours un quart; de sorte
qu'un point de son équateur parcourt 13 degrés terrestres et demi par heure. Il est éloigné du soleil, dans sa moyenne distance, de
916,455 degrés terrestres; l'orbite qu'il parcourt autour du soleil, en 224 jours 17 heures,
a 5,534,754 degrés terrestres d'étendue, ce
qui donne par heure 1026 degrés terrestres un
quart.

Ce globe est éloigné de la terre, dans sa
plus petite distance, de 332,600 degrés terrestres; son orbite est entre ceux de Mercure
et de la terre, du côté du même pôle solaire
que Mercure. Vénus est plus éloignée de l'é-

quateur du soleil, que n'en est la terre; mais elle est plus rapprochée du globe solaire, étant plus approximé d'un de ses pôles. Elle est le deuxième satellite du soleil, et marche presque aussi vite que Mercure sur son orbite.

Elle passe, tous les 2 ans environ, à 332,600 degrés terrestres, pour le plus près de la terre.

MARS.

Mars est un globe habité, de même que la terre; il est de l'autre côté de l'équateur du soleil, dont il est le troisième satellite. Il tourne sur son axe en 25 jours; son diamètre est de 62 degrés terrestres; le chemin qu'il parcourt, sur son orbite, est de 11,451,624 degrés terrestres, dans un an, 322 jours des nôtres, ce qui donne 697 degrés et demi par heure, et un point de son équateur parcourt 7 degrés et demi aussi par heure.

Ce globe est éloigné du soleil, dans sa moyenne distance, de 1,902,600 degrés; l'orbite qu'il parcourt est plus direct avec l'équateur du soleil que ceux des deux autres satellites; il passe, tous les deux ans environ, à 443,000 degrés de la terre, pour le plus près. On le croit composé de fer en majorité. Ses jours sont de 25 jours à son équateur, et son année est de 688 jours des nôtres.

DE LA TERRE ET DE SON SATELLITE.

La terre est le globe du premier ordre, le plus près du soleil; il a pour satellite la lune, qui suit ses mouvemens autour du soleil, entourant autour de la terre tous les mois environ. La terre, dans sa plus petite distance du soleil, en est éloignée de 1,265,000 degrés; l'orbite qu'elle parcourt en 365 jours 6 heures, a 7,766,655 degrés d'étendue, ce qui donne 884 degrés et demi par heure; elle tourne sur son axe en 24 heures.

Son diamètre est de 120 degrés, qui donne à son équateur 360 degrés de circonférence; chaque point de son équateur parcourt 15 degrés par heure.

Quand le soleil est à son équateur, les jours et les nuits sont égaux par toute la terre, ce qui arrive les 21 mars et 21 septembre; les jours diminuent ensuite graduellement de l'équateur à chaque pôle, à mesure que le pôle est repoussé, et ils augmentent à mesure qu'il est attiré, au point que chaque pôle, surtout au-delà du cercle polaire, a, par chaque année, un jour de 3 mois et une nuit de 3 mois, et, pendant les autres 6 mois, les jours y varient successivement. Quand les rayons solaires sont en direction avec notre tropique le 21 juin, c'est l'été pour tout ce qui habite le pôle arctique, et lorsqu'ils sont au tropique opposé, le 21 décembre c'est l'hiver, pour ceux du même pôle.

La terre, en faisant tous les jours un tour sur son axe, fait décrire à la lune une orbite en 29 jours et demi; elle est éloignée de la terre, dans sa plus petite distance, de 3,200 degrés terrestres; l'orbite qu'elle parcourt autour de la terre a 21,009 degrés terrestres d'étendue, ce qui donne 29 degrés $\frac{1}{10}$ par heure.

La lune a 31 degrés terrestres de diamètre; elle contient beaucoup d'argent. Ses phases sont connus. Comme elle est entraînée d'occident en orient tous les jours, de la vingt-neuvième partie de son orbite environ, il en résulte que son lever, quant à la terre, retarde tous les jours d'environ une heure.

En conséquence, lorsque la lune se trouve entre le soleil et la terre, elle nous montre son côté qui n'est pas éclairé, et nous n'avons pas alors de lune : car elle se lève comme le soleil; mais au bout de 7 jours qu'elle se lève, 6 heures après le soleil, et qu'elle forme avec le soleil et la terre une espèce de triangle, elle nous montre une partie de son côté éclairé, et c'est alors ce que nous nommons premier quartier.

Sept jours après environ, elle se lève 12 heures après le soleil, la terre se trouvant entre elle et le soleil; la lune ainsi nous montre toute sa partie éclairée, et c'est pleine lune pour nous.

Sept jours ensuite la lune se lève 6 heures avant le soleil, et forme avec le soleil et la terre un triangle opposé au premier, c'est-à-dire qu'elle se lève les pointes du croissant en haut, c'est dernier quartier; tandis que, dans le premier quartier, la lune se lève les pointes du croissant en bas; parce que, dans les deux cas, ces pointes sont toujours tournées du côté opposé au soleil.

Les marées, suivent les phases de la lune, les grandes marées arrivent toujours soit en pleine lune, soit en nouvelle lune, c'est-à-dire lorsque les trois globes sont, pour ainsi

dire, sur la même ligne d'attraction ou de
répulsion directe, et encore les plus fortes
marées arrivent toujours dans les pleines
lunes et nouvelles lunes, les plus près des 21
juin et 21 septembre, parce qu'alors le soleil
est à l'équateur, et que la pression est plus directe. La mer Méditerranée et la mer Baltique se ressentent à peine du flux et reflux,
parce qu'il n'y a que la mer d'Océan qui
baigne l'équateur, et qu'entre trois globes
tournant sur leurs axes, il n'y a de pression
qu'aux équateurs. La terre ne rend pas à la
lune le même service, quant à la lumière,
parce que le mouvement de rotation de la
terre est trop précipité entre ses tropiques,
pour qu'elle y acquière une électricité assez
positive, assez puissante, qui développe l'é-
tincelle électrique entre les atmosphères de
ces deux globes, qui puisse rendre le peu de
fluide électrique qui les sépare, tant soit
peu lumineux; et que la lune, de son côté,
n'ayant presque pas de mouvement de rotation, présente, dans ce cas, à la terre (c'est-
à-dire dans sa nouvelle lune) sa partie, qui
est presque dans un état d'électricité négative, et qui offre, par conséquent, trop peu

de résistance pour produire ou recevoir le moindre développement de lumière. Tandis que, dans la pleine lune, c'est le globe solaire qui agit directement sur la lune, en même temps que la terre opère sur elle sa répulsion et son attraction ordinaire : ce qui rend plus ou moins lumineux le peu de fluide électrique qui sépare les deux atmosphères de la terre et de la lune, et produit assez d'action pour calciner les pierres, etc.

DE JUPITER ET DE SES QUATRE SATELLITES.

Jupiter est la planète la plus grosse de notre tourbillon; ce globe contient beaucoup d'étain. Il a 1211 degrés terrestres de diamètre; il tourne sur son axe en 50 heures. Un point de son équateur parcourt, en conséquence, 363 degrés terrestres par heure.

Sa plus petite distance du soleil est de 6,400,000 degrés terrestres; son orbite, autour du soleil, est de 40,293,024 degrés terrestres, qu'il parcourt en 11 ans 317 jours 20 minutes, ce qui donne par heure 380 degrés terrestres et demi; cette orbite est très-rapprochée de la direction de l'équateur du soleil. Il en résulte que Jupiter a un mouvement si rapide sur son axe, que cette planète entraîne dans sa marche, autour du soleil, quatre globes, qui sont ses satellites, et qui tournent en même temps très-vite autour d'elle, sur quatre orbites différentes, près de son équateur.

Le 1er satellite de Jupiter est la moitié de grosseur de la lune, et fait le tour de sa planète en deux jours.

Le 2me est de la grosseur de la lune, et fait le tour de sa planète en quatre jours.

Le 3me est de la même grosseur que la lune, et fait le tour de sa planète en huit jours.

Le 4me satellite de Jupiter est le double de la lune, et fait le tour de sa planète en seize jours. La plus petite distance de Jupiter à la terre, est de 5,061,000 degrés, où il passe tous les douze ans environ.

DE SATURNE ET DE SES SEPT SATELLITES.

Saturne est la planète la plus en direction avec l'équateur du soleil, elle est composée de plomb en grande partie; elle a 1,074 degrés terrestres de diamètre, et tourne sur son axe en huit heures, de sorte qu'un point de son équateur parcourt 402 degrés terrestres par heure.

Son orbite a 72,603.924 degrés terrestres, elle le parcourt en vingt-neuf ans cent quatre-vingt huit jours, ce qui donne 280 degrés et demi par heure.

La vitesse du mouvement de rotation de cette planète et sa masse, lui donne des forces assez puissantes pour entraîner dans sa marche sept globes ou satellites, et pour leur imprimer de même un mouvement si rapide que le fluide électrique pur qui sépare son atmosphère du leur est sans cesse lumineux, et forme autour de Saturne, de chaque côté de son équateur où sont les orbites de ses sept satellites, une double écharpe ou rayon de lumière, qu'on appelle l'anneau de Saturne divisé en deux parties. De sorte que Saturne peut être considéré comme un soleil secondaire de notre tourbillon, ou plutôt comme formant un tourbillon cédant aux impulsions du mouvement du nôtre.

Son double anneau lumineux est séparé de la planète par de gros nuages qu'alimente continuellement l'action électrique et galvanique qui décompose l'eau des mers dont l'étendue est des plus considérables à son équateur ; et ces nuages absorbant l'action électrique, nous

semblent former une croûte séparée du globe,
et qu'on a été jusqu'à dire habitée.

DES COMÈTES.

Les comètes sont des planètes ou satellites
appartenant aux tourbillons voisins du nôtre,
et qui étant aux extrémités de ces tourbillons,
passent assez près de notre globe pour y être
observées et être distinguées d'entre les autres.

DES ÉTOILES.

Les étoiles sont des globes solaires de divers
tourbillons, composés comme le nôtre de
plusieurs planètes et satellites, qui ont leurs révolutions périodiques.

Les étoiles étant trop éloignées de notre
tourbillon, on n'a pas pu reconnaître leur
mouvement ; seulement, on a remarqué que
plusieurs s'éclipsaient de temps à autres et re-
paraissaient ensuite, ce qui a fait conjecturer
qu'elles étaient des soleils comme le nôtre, que
leurs planètes ou satellites pouvaient éclipser;
mais ces étoiles ont servi de point de comparaison dans le ciel.

Considérée chacune comme globe central
d'un tourbillon, et ces tourbillons à l'infini

nous paraissant irrégulièrement placés et réunis par groupes, on a formé, de ces groupes d'étoiles, des constellations auxquelles on a donné des noms en rapport à peu près avec la figure que semblait représenter chaque groupe d'étoiles; telle que la grande Ourse, la petite Ourse, etc. Il en résulte que selon l'imagination de chaque observateur, et une longue vue plus ou moins forte, il pourrait être formé des constellations à l'infini, avec des noms différens, ce qui empêcherait de s'y reconnaître.

On a donc préféré s'en tenir aux constellations principales au nombre de quarante-neuf, et qui sont les plus connues : SAVOIR.

Des douze signes du zodiaque. Douze dans le zodiaque, qui le divisent en douze parties de 3o degrés, qu'on nomme les douze chambres du soleil, en ce qu'il nous semble les occuper chaque mois de l'année successivement, comme étant placées autour de l'écliptique.

Chacun de ces signes se trouve, en conséquence, chaque mois en rapport avec le soleil et la terre par la marche de la terre autour du soleil d'un douzième de son orbite par mois.

En prenant le commencement du premier

signe au point de la jonction de l'écliptique,
c'est-à-dire, lors de la plus grande direction
de l'équateur de la terre avec le soleil, ce sera
le 21 mars ; les jours à cette époque sont égaux
aux nuits par toute la terre.

On nomme les douze signes du zodiaque :

Environ les

21 mars.	Le Bélier.
21 avril.	Le Taureau.
21 mai.	Les Gémeaux.
21 juin.	L'Écrevisse.
21 juillet.	Le Lion.
21 août.	La Vierge.
21 septembre.	La Balance.
21 octobre.	Le Scorpion.
21 décembre.	Le Capricorne.
21 janvier.	Le Verseau.
21 février.	Les Poissons.

Plusieurs des noms de ces signes s'accordent
avec la position de la terre à l'égard du soleil
pour nous. Tel que le signe de l'écrevisse ou
du cancer, parce que la terre, le 21 juin,
par l'inclinaison de son pôle arctique, présente
au soleil son tropique du cancer, auprès duquel est placé le groupe d'étoiles qui porte ce
nom, et de l'écrevisse, parce qu'à compter
de ce jour ce tropique étant repoussé, le soleil

nous semble reculer tous les jours en s'éloignant de notre pôle. En conséquence, le nom de l'écrevisse, donné à ce signe, ne conviendrait qu'aux habitans de ce tropique.

L'inclinaison de la terre est d'environ 25 degrés de chaque côté de l'équateur, ce qui donne une différence de 50 degrés dans le rapport du soleil à la terre de l'été à l'hiver.

Le signe de la balance est le 21 septembre, parce que les jours et les nuits sont égaux par toute la terre comme au 21 mars.

Le signe du capricorne, le 21 décembre, parce qu'alors le soleil correspond directement avec le tropique du capricorne.

On peut de même compter vingt-une constellations principales formées dans la partie septentrionale du ciel, SAVOIR :

La Couronne septentrionale.	Le Cocher.
	Le Bouvier.
La Lyre.	Céphée.
Persée.	Le Cygne.
Hercule.	Cassiopée.
Le Dauphin.	La Flèche.
L'Aigle.	Le Petit Cheval.
La Serpentaire.	Le Pégase.
Le Serpent.	Le Triangle.
Le Dragon.	Andromède.
La Petite Ourse.	
La Grande Ourse.	

Seize constellations principales ont été formées dans la partie méridionale. Elles sont:

L'Autel.	Le Centaure.
La Croix.	Le Corbeau.
La Couronne méridionale.	Le Loup.
Le Navire.	La Baleine.
L'Hydre.	Le fleuve Éridan.
Le Grand Chien.	Orion.
Le Petit Chien.	La Coupe.
Le Lièvre.	Le Poisson austral.

Circonférence du soleil et des Planètes du premier ordre, qui composent notre tourbillon, à leur équateur, en degrés terrestres de 25 lieues, l'équateur de la terre divisé en 360 degrés.

DIVISION des planètes DU Iᵉʳ ORDRE.	NOMS des planètes du premier ordre.	MESURE des équateurs en degrés terrestres.	
			degrés.
Iʳᵉ Classe..	Le soleil.	36,024	«
2ᵉ. Classe. . {	La terrre	360	«
	Jupiter	3,633	«
	Saturne	3,222	»

Il résulte, que le soleil est un million de fois environ plus gros que la terre; Jupiter quinze cents fois; et Saturne mille fois plus gros que la terre.

*Circonférence des planètes du deuxième or-
dre à leur équateur, en degrés terrestres
de 25 lieues de France.*

DIVISION par classe des planètes du 2e ordre.	NOMS des planètes DU 2e ORDRE.	MESURE des équateurs en degrés terrestres
		degrés.
1re *Classe.*		
Les satellites du soleil...	{ Mercure................	126
	Vénus	312
	Mars..................	186
2e *Classe.*		
	{ La lune, satellite de la terre.	93
Les satellites des planètes primitives..	1er satellite de Jupiter.....	130
	2e *idem*	94
	3e *idem*	97
	4e *idem*	31
	Les sept satellites de Saturne.	inconnue.

Notre tourbillon est donc composé du soleil, de 3 autres planètes du premier ordre,
et de 15 satellites ou globes du deuxième ordre; formant ensemble 19 globes, dont le
soleil occupe le centre.

Distances des planètes au soleil en degrés terrestres de 25 lieues.

NOMS des PLANÈTES.	DISTANCES DU SOLEIL en degrés terrestres.	
	Grandes distances.	Petites distances.
Du 1er ordre, ou primitives.	degrés.	degrés.
La Terre..........	1,311,877 «	1,263,000 »
Jupiter..........	7,019,000 «	6,400,000 «
Saturne..........	12,689,300 »	11,500,000 «
Du 2e ordre, ou satellites.		
Mercure..........	605,100 «	480,000 «
Vénus	932,910 «	900,000 «
Mars	105,200 «	1,700,000 «
La Lune..........	1,315,560 «	1,261,317 «
Les quatre satellites de Jupiter......	inconnues.	inconnues.
Les sept satellites de Saturne.....	inconnues.	inconnues.

Les 4 satellites de Jupiter , ainsi que les 7 satellites de Saturne , suivent les mouvemens de leurs planètes autour du soleil.

Les distances des planètes au soleil sont dans les proportions, environ, de 4, 9, 12, 17, 64 et 115; — pour les plus petites distances.

Distances des planètes à la terre, en degrés terrestres de 25 lieues.

NOMS des PLANÈTES.	DISTANCES DE LA TERRE.	
	Grandes distances.	Petites distances.
Du 1ᵉʳ ordre.	degrés.	
Jupiter.........	8,551,450	5,061,000
Saturne........	14,205,500	10,045,000
Du 2ᵉ ordre.		
Mercure	1,916,977	660,400
Vénus	2,244,660	352.600
Mars	5,457,080	445.000
La Lune	5,683	5,200
Les quatre satellites de Jupiter...		inconnues.
Les sept satellites de Saturne....		inconnues.

Les distances des planètes et des satellites du soleil à la terre sont donc, en y comprenant le soleil, d'environ 3, 4, 6, 12, 50 et 100, dans leurs plus petites distances ; en en exceptant la lune qui est plus de cent fois plus près de la terre qu'aucune autre planète ou satellite.

Temps que mettent les planètes à tourner sur leurs axes et chemin que parcourt, par heure de temps, un point de leur équateur en degrés terrestres.

NOMS des PLANÈTES.	TEMPS qu'elles mettent à tourner sur leur axe.	CHEMIN qne parcourt un point de leur équateur par heure.
Du 1ᵉʳ ordre.	ans. jours. heur. min.	degrés.
Le Soleil.....	» 25 6 »	58 $\frac{2}{3}$
La Terre.....	» » 24 »	15 »
Jupiter.....	» » 10 »	363 »
Saturne......	» » 8 »	402 »
Du 2ᵉ ordre.		
Mercure.....	» 43 » »	» $\frac{1}{16}$
Vénus.......	» » 23 20	13 $\frac{1}{2}$
Mars........	» » 24 56	7 $\frac{1}{2}$
La Lune......	» 27 07 44	» $\frac{1}{14}$
Les quatre satellites de Jupiter..		inconnu.
Les sept satellites de Saturne....		inconnu.

Si le chemin que parcourent sur leur orbite Jupiter et Saturne, ne les empêchait pas de centraliser les forces attractives et répulsives qui résulteraient de leurs mouvemens sur leurs axes, ils seraient les soleils de

leurs satellites, et formeraient autant de tourbillons à part du nôtre; aussi voit-on Saturne
qui a 7 satellites et qui marche moins vite
sur son orbite que Jupiter, avoir autour de
lui, dans la direction de ses satellites, des
faisceaux d'étincelles électriques qui lui forment deux cercles ou anneaux, assez lumineux pour que nous puissions les distinguer;
quoiqu'étant cinq fois environ plus éloignés
de nous, que le soleil dans sa plus petite distance.

Cette grande vitesse du mouvement des
planètes sur leur axe, prouve que c'est l'action électrique qui l'opère, et non le mouvement du globe central ou solaire ; lequel,
présentant une grande masse, offre cette résistance qui lui donne cette presqu'immobilité,
et oblige les autres globes à céder à l'impulsion électrique.

Par exemple, qu'on prenne une étoile ou
une roue, hérissée de pointes un peu mousses,
qu'on la place sur un pivot délié et isolé,
qu'on la fasse communiquer à un conducteur,
on verra se manifester à chaque pointe des
étincelles électriques, et cette machine tour-
nera si rapidement que toute sa circonférence

sera tellement éclairée, qu'elle formera un cercle lumineux.

Mesure de l'orbite que parcourent les pla-
nètes, et chemin qu'elles font en degrés
par heure de temps.

NOMS des PLANÈTES.	MESURE de l'orbite qu'elles parcourent autour du Soleil.	CHEMIN qu'elles font par heure sur leur orbite, en degrés terrestres.
	degrés.	degrés.
Satellites du Soleil. { Mercure. .	3,051,824	1,478 $\frac{1}{3}$
Vénus. . . .	5,534,754	1,026 $\frac{1}{4}$
Mars.	11,451,624	697 $\frac{1}{2}$
La Terre	7,766,655	884 $\frac{1}{2}$
Jupiter.	40,293,024	386 $\frac{1}{2}$
Saturne.	72,603,924	280 $\frac{1}{2}$

Les douze satellites des trois planètes de notre tourbillon, c'est-à-dire de la terre, de Jupiter et de Saturne, sont entraînés par leur planète sur leur orbite, et tournent en même temps autour de leur planète, comme la lune à l'égard de la terre.

Les planètes ou globes du premier ordre,

quoique tournant directement autour du soleil, n'en sont cependant pas toujours aux
mêmes distances; elles décrivent au contraire
des orbites plus ou moins irréguliers, parce
que leurs satellites, en tournant autour
d'elles, les font dévier sur ces cercles; telle
que la terre, en raison des phases de la lune,
et encore selon le balancement des globes
dans l'espace, ce qui change d'autant leur
rapport avec le cercle d'impulsion solaire,
les équateurs, et donne les saisons avec leurs
variations.

Dans la 1re édition de cet ouvrage, imprimée
en 1818, on a déjà fait remarquer que notre
tourbillon solaire faisant, tous les siècles, un
mouvement circulaire vers l'occident, d'environ un degré et demi; il en résultait aujour-
d'hui, dans le rapport des constellations avec
les signes du zodiaque, une différence de
31 degrés. En conséquence, le 21 mars 1823,
la terre arrivant sous le 1er degré du 7e signe,
sera entre le soleil et le 30e degré de la constel_
lation du Lion, et non pas de la Balance; et
le soleil paraissant le même jour, sous le 1er
signe du zodiaque, sera vu sous le 30e degré
de la constellation du Verseau, et non pas

sous le 1er degré du Bélier, comme le portent les almanachs; ainsi de suite des autres constellations, dans leur rapport avec les douze astérismes du zodiaque.

On sait donc, que le zodiaque est fixé sur cette ligne d'étoiles, qui environnent notre tourbillon solaire, dans la direction de son équateur; lequel zodiaque, divisé en 12 parties et en 360 degrés, a toujours servi de point de comparaison pour déterminer le cours des astres; que la terre, en tournant autour du soleil, parcourt la totalité de ce cercle chaque année, et que nous voyons le soleil successivement sous chacun de ces degrés.

En conséquence, malgré la grande différence survenue dans les rapports de chacun des 12 signes du zodiaque, avec les constellations qui en faisaient l'objet, il y a des siècles, il est indispensable, pour éviter toute confusion, de toujours commencer, à compter le 1er degré du 1er signe, c'est-à dire, le 1er degré du zodiaque, où l'on voit le soleil, au moment que tous les ans, la terre arrive à l'équinoxe du printemps; que son axe est parallèle à l'axe du monde; que l'équateur forme le centre de l'horizon solaire; que les deux pôles de la terre bordent l'horizon; que le soleil paraît quitter ensuite la ligne de l'équateur, parce que la terre, à commencer de ce jour, incline successivement jusqu'au 21 juin, son pôle artique de 23 degrés et demi vers le soleil; enfin au moment que les jours et les nuits sont égaux par toute la terre, ce qui arrive donc tous les ans, pour l'équinoxe du printemps, du 20 au 21 mars.

En conséquence, et par suite d'erreurs qui se sont perpétuées depuis plus de 2,000 ans, il résulte qu'aucune des descriptions du zodiaque, qui ont été données depuis ce temps jusqu'à nos jours, n'est celle véritable du zodiaque, tel qu'il est aujourd'hui; l'on croit donc très-nécessaire d'en établir la différence. Mais voulant abréger le plus possible, on suppléera à tous les détails, en donnant les diverses descriptions ci-après.

1° La description du zodiaque telle qu'elle a été donnée mal à propos jusqu'ici; le temps pendant lequel le soleil est vu sous chaque signe; et le nom des constellations qu'on a supposées exister dans chaque signe du zodiaque.

1er signe, du 21 mars au 21 avril.   —Du Bélier.
2e signe, du 21 avril au 21 mai.   — du Taureau.
3e signe, du 21 mai au 21 juin.   — des Gémeaux.
4e signe, du 21 juin au 21 juillet.   —de l'Ecrevisse.
5e signe, du 21 juillet au 21 août.   — du Lion.
6e signe, du 21 août au 21 septembre.   — de la Vierge.
7e signe, du 21 septembre au octobre.   — de la Balance.
8e signe, du 21 octobre au 21 novembre.— du Scorpion.
9e signe, du 21 novembre au 21 décemb.   — du Sagittaire.
10e signe, du 21 décembre au 21 janv.   — du Capricorne.
11e signe, du 21 janvier au 21 février.   — du Verseau.
12e signe, du 21 février au 21 mars.   — des Poissons.

2° La description du zodiaque, tels que sont réellement aujourd'hui ses rapports avec les constellations; ce que donne le ciel de jour pour chaque mois, en calculant d'après le signe où se voit le soleil, les autres signes qui le devancent et ceux qui le précédent sur l'horizon. Observant que chaque point de la terre est deux heures environ, à passer sous chaque signe, dans son mouvement diurne, et qu'elle avance chaque jour d'un degré environ sur son orbite, sous les signes du zodiaque opposés à ceux où se voient le soleil pendant le même temps.

On donne donc ci-après, l'ordre des signes par n^{os}; le temps pendant lequel le soleil est vu de la terre sous chaque signe; le nombre des degrés du zodiaque, calculé par signe; à compter du 1er degré du 1er signe, jusques et compris le dernier degré de chaque signe; et enfin la description des constellations, telles qu'elles existent réellement et actuellement dans chaque signe.

SIGNES.	TEMPS.	DEGRÉS DU ZODIAQUE.	CONSTELLATIONS.
1er	Du 21 mars au 21 avril.	30	le 30e degré du Verseau. les 29 1ers des Poissons.
2e	du 21 avril au 21 mai.	60	le 30e degré des Poissons. les 29 1ers du Bélier.
3e	du 21 mai au 21 juin.	90	le 30e degré du Belier. les 29 1ers du Taureau.
4e	du 21 juin au 21 juillet.	120	le 30e degré du Taureau. les 29 1ers des Gémeaux.
5e	du 21 juillet au 21 août.	150	le 30e degré des Gémeaux. les 29 1ers de l'Ecrevisse
6e	du 21 août au 21 septembre.	180	le 30e degré de l'Ecrevisse. les 29 1ers du Lion.
7e	du 21 septembre au 21 octobre.	210	le 30e degré du Lion. les 29 1ers de la Vierge.
8e	du 21 octobre au 21 novembre.	240	le 30e degré de la Vierge. les 29 1ers de la Balance.
9e	du 21 novemb. au 21 décembre.	270	le 30e degré de la Balance. les 29 1ers du Scorpion.
10e	du 21 décembre au 21 janvier.	300	le 30e degré du Scorpion. les 29 1ers du Sagittaire.
11e	du 21 janvier au 21 février.	330	le 30e degré du Sagittaire. les 29 1ers du Capricorne
12e	du 21 février au 21 mars.	360	le 30e degré du Capricorne. les 29 1ers du Verseau.

3° La description du zodiaque de même, tel qu'il est réellement aujourd'hui dans ses rapports actuels avec les constellations, mais à l'égard de la terre; ce qui donne le ciel de nuit pour chaque mois, en calculant d'après le signe où se trouve la terre pendant le même temps; lequel signe se voit les soirs au levant, à minuit au milieu de l'horison, et le matin au couchant; en observant l'ordre des signes qui le devancent, ceux qui le précédent, et que chaque point de la terre est deux heures à tourner sur son axe, sous chaque signe; et par conséquent sur son orbite, un degré environ du zodiaque par jour.

7ᵉ signe, du 21 mars au 21 avril.	{ Le 30ᵉ degré du Lion. / les 29 1ᵉʳˢ de la Vierge.
8ᵉ signe, du 21 avril au 21 mai.	{ le 30ᵉ degré de la Vierge. / les 29 1ᵉʳˢ de la Balance.
9ᵉ signe, du 21 mai au 21 juin.	{ le 30ᵉ degré de la Balance. / les 29 1ᵉʳˢ du Scorpion.
10ᵉ signe, du 21 juin au 21 juillet.	{ le 30ᵉ degré du Scorpion. / les 29 1ᵉʳˢ du Sagittaire.
11ᵉ signe, du 21 juillet au 21 août.	{ le 30ᵉ degré du Sagittaire. / les 29 1ᵉʳˢ du Capricorne.
12ᵉ signe, du 21 août au 21 septembre.	{ le 30ᵉ degré du Capricorne. / les 29 1ᵉʳˢ du Verseau.
1ᵉʳ signe, du 21 sept. au 21 octobre.	{ le 30ᵉ degré du Verseau. / les 29 1ᵉʳˢ des Poissons.
2ᵉ signe, du 21 octobre au 21 novemb.	{ le 30ᵉ degré des Poissons. / les 29 1ᵉʳˢ du Bélier.
3ᵉ signe, du 21 novemb. au 21 décemb.	{ le 30ᵉ degré du Bélier. / les 29 1ᵉʳˢ du Taureau.
4ᵉ signe, du 21 décemb. au 21 janvier.	{ le 30ᵉ degré du Taureau. / les 29 1ᵉʳˢ des Gémeaux.
5ᵉ signe, du 21 janvier au 21 février.	{ le 30ᵉ degré des Gémeaux. / les 29 1ᵉʳˢ de l'Ecrevisse.
6ᵉ signe, du 21 février au 21 mars.	{ le 30ᵉ degré de l'Ecrevisse. / les 29 1ᵉʳˢ du Lion.

En considérant la lune, tant dans ses rapports avec les 12 signes du zodiaque et les 12
signes des constellations, qu'avec le soleil et
la terre, on reconnaît que la lune en parcou-
rant son orbite, tous les 29 jours et demi
autour de la terre, passe successivement sous
les 12 signes du zodiaque, et parcourt en
outre 29 degrés d'un de ces signes, pour revenir se renouveler, c'est-à-dire entre le soleil
et la terre, sous la constellation qui suit celle
où elle était 29 jours et demi auparavant;
parce que la terre, pendant le même temps,
avance d'un signe sur son orbite autour du
soleil.

Il résulte qu'en comparant les dates avec
les phases de la lune, d'une année à l'autre,
on trouve 11 jours en moins pour la lune
qui précède, et 18 jours et demi environ en
plus, pour celle qui suit; en commençant
donc à compter du 1er signe, c'est-à-dire de la
lune dont le plein suit l'équinoxe du printemps, pendant laquelle se célèbre toujours
la fête de Pâques; quand le soleil, la terre et
la lune se trouvent tous les trois sur une ligne
à peu-près directe, entre les deux signes des
deux équinoxes; que le soleil est vu de la

terre, sous le 1er signe du zodiaque, et que la lune est de même vue de la terre, sous le 7e signe; on reconnaît que la lune, dont le plein suit l'équinoxe du printemps, étant nouvelle, par exemple, le mercredi 12 mars 1823, sous le 23e degré du 12e signe, Pâques sera le 30 mars, comme étant le dimanche le plus près de la pleine lune qui suit l'équinoxe du printemps; et que pour 1824, la lune correspondante se renouvellera le mercredi 31 mars, sous le 10e degré du 1er signe; Pâques sera donc le 18 avril, qui est le dimanche le plus près de la pleine lune qui suit l'équinoxe du printemps. Enfin la lune se renouvellera ainsi successivement sous tous les signes du zodiaque, de sorte qu'étant nouvelle le 23 mars 1823, sous le 23e degré du 12e signe, elle se renouvellera, par exemple,

le 11 avril, sous le 22e degré du 1er signe,
le 10 mai sous le 21e degré du 2e signe.
le 9 juin sous le 20e degré du 3e signe,
le 8 juillet sous le 19e degré du 4e signe,
le 6 août sous le 18e degré du 5e signe,
le 4 septembre sous le 17e degré du 6e signe,
le 4 octobre sous le 16e degré du 7e signe.
le 2 novembre sous le 15e degré du 8e signe.
le 2 décembre sous le 14e degré du 9e signe.

Ainsi de suite, en observant, pour les années bisextilles, un jour de plus en février.

Quant aux autres planètes, à l'égard du soleil et de la terre; il est de même facile de se rendre compte de leur mouvement comme de leur marche sur leur orbite, autour du soleil, et de leurs différens aspects dans le ciel, sous chaque degré du zodiaque, comme sous chaque degré des constellations, d'après leur position actuelle à l'égard des signes, en distinguant que mercure et vénus, désignés comme planètes inférieures, ont leur orbite entre le soleil et la terre, et que les planètes supérieures qui sont mars, jupiter et saturne, ont leur orbite entre la terre et le zodiaque; qu'en conséquence, toutes les planètes de notre tourbillon solaire parcourent, comme la terre et dans le même sens, des orbites placés autour du soleil et, en même temps, entre le soleil et le zodiaque.

Enfin, comme tout s'opère dans l'univers selon les lois les plus strictes de la mécanique, des remarques et des calculs suffisent pour annoncer la marche des astres. Mais ce serait renoncer à toute idée de science, que de se borner à des idées toutes nues, que de s'en tenir à de simples expériences, sans chercher à les approfondir, à en connaître les causes, comme les effets, et à rapporter tout à un même principe : ce n'est même qu'alors qu'on doit espérer de découvrir la réalité, puisque les sens sont souvent trompés. Par exemple, lorsque, sur une rivière, on voyage dans un bateau qui en suit le courant, tout ce que l'on voit, même l'eau, tout semble remonter du côté de la source. Le soleil et les astres semblent parcourir l'horizon de l'est à l'ouest, comme se lever et se coucher, et ce n'est cependant que la terre qui tourne sur son axe, chaque jour de l'ouest à l'est. Lorsqu'on voit tomber de l'eau, de la neige, de la grêle, des animaux, comme assez souvent des grenouilles, des pierres etc., sur la terre, on peut croire que ces objets tombent en partie soit du soleil, de la lune et d'autres planètes; n'a-t-on pas cru qu'il tombait aussi des étoiles, ce qui souvent n'était qu'une portion d'air raréfié, qui devenait lumineuse par la pression d'autres parties d'air non raréfiées. Enfin, lorsque, exposé au soleil dans un pays chaud, l'on éprouve une grande chaleur, on en conclut que le soleil est chaud; on va jusqu'à s'imaginer que c'est un globe de feu, et qu'il y a émission de chaleur du soleil à la terre, etc.; cependant celui qui pourrait résider à l'un des pôles, exposé à un soleil continuel, pendant plusieurs mois sans nuit; ou encore sur la plus haute montagne de l'équateur, située sous la zône torride, celui-là croirait au contraire que le soleil est très-froid, puisqu'en supposant qu'il ne mourut pas de froid, il se verrait continuellement entouré de neige et de glace sans la moindre chaleur.

En conséquence, puisque le créateur a bien voulu prendre les dimensions de tout ce que nous voyons dans l'univers; ce que nous en pouvons comprendre, mérite bien une légère attention de notre part.

En considérant donc que tout ce qui est matière se trouve réuni par globes, que tous ces globes sont classés dans l'univers en de grands tourbillons solaires; que les autres globes forment, autour des globes solaires, des tourbillons secondaires, et que chaque globe forme un tourbillon particuler, on reconnait alors que le mouvement sphérique est réellement le seul qui a pu être introduit dans la matière, d'une manière durable; et que chaque globe ayant, en conséquence, la forme sphérique, chaque couche qui le compose, circule avec la même vitesse autour d'un de ses diamètres, dans le plan perpendiculaire à l'axe; qu'ainsi les contrées polaires, qui sont sans mouvement comme sans action vitale, semblent des réserves pour les générations à venir, pour renouveler et régénérer le globe. Les cultivateurs font de même reposer une partie de leurs terres, pour se ménager, plus tard, de nouvelles et d'abondantes récoltes.

Il résulte que le mouvement sphérique, pour chaque masse de matière qui constitue chaque globe, y établit des forces centriques particulières, qui retiennent ainsi toutes ces matières dans les limites de leur atmosphère, où elles sont placées graduellement par couche, du centre aux extrémités, selon qu'elles sont divisées et légères; les plus lourdes occupent le centre, de sorte qu'elles ne peuvent se répandre çà et là dans l'immensité; en conséquence le fluide électrique, qui est partout et qui pénètre tout, étant, dans ces intervalles, dégagé de toutes matières, devient lumineux par la fluctuation qu'il éprouve entre l'atmo-

sphère du globe central, et ceux des globes
du même tourbillion, à l'égard desquels il
s'établit des lignes de pression, promptes et
successives, qui entretiennent la manifestation d'une lumière continuelle, sans étincelles, sans bruit ni commotion. Alors se propage et se perpétue, dans chaque globe et leur
atmosphère, le principe d'action. Les globes
éprouvent des chocs directs, cèdent nécessairement, par leur mouvement sphérique, à
l'impulsion du fluide électrique, qui en même
temps les pénètre ; et ce mouvement sphérique de chaque globe, qui en détermine les
pôles et l'équateur, augmente tellement l'action du fluide électrique, en rompant continuellement ses lignes de pression directe,
qu'elles se multiplient et se propagent d'autant, notamment aux équateurs, qu'on voit
aux extrémités de l'atmosphère de la terre,
dans la direction du globe solaire, des titillations d'étincelles, qui ne sont autres que la
manifestation de la présence de l'électricité
sur la matière, ce qui porte ce fluide à imprimer, au tourbillon de la terre, cette action
intérieure et particulière, qui réagit sur cha-

que molécule de matière, comme sur chaque corps; le tout graduellement, depuis l'équateur jusqu'aux pôles, et depuis la superficie de la terre, jusqu'aux extrémités de son atmosphère : d'où résulte une chaleur graduelle qui se propage dans la même direction, augmente les ressorts de l'air, donne à l'atmosphère d'autant plus d'étendue, qu'il contient plus de molécules de matière, dans un état de combinaison et d'action assez vive, pour exciter d'autant plus de chaleur.

Ainsi le calorique n'est point un élément, c'est une qualité inhérente à la matière; la chaleur est l'attente dans tous les corps et le mouvement la produit, comme le choc produit le son. La lumière et la chaleur, ne sont donc point des émanations du globe solaire ; puisque le fluide de la lumière est toujours partout. Lorsqu'il est pur, comme sous le récipient vide d'air, comme entre les atmosphères du soleil et de la terre, il n'a besoin, pour se manifester, que d'une pression prompte et successive, qui, produisant des vibrations, le rende lumineux; en conséquenc cette lumière existe nécessairement et continuellement du soleil à la terre, et par son mouvement diurne, la terre à donc toujours successivement sa moitié éclairée.

Quand on considère ce fluide électrique, qui seul occupe les espaces ; son action combinée avec le mouvement sphérique des globes et les divers élémens qui les constituent ; ce fluide qui agite et divise une partie de ces élémens, y développe la chaleur, et augmente ainsi les ressorts de l'air, qui se charge d'autant plus de molécules de matières, qu'il acquiert d'étendue ; et que ces molécules de matière sont divisées, légères et échauffées ; on voit que, parvenant à des régions d'autant plus froides qu'elles sont élevées dans l'atmosphère, l'air perd alors son élasticité, se resserre ; et ces vapeurs, molécules d'eau, de matières, retombent sur terre, telle que la pluie, la neige, la grêle, etc., le tout sans qu'aucune partie de ces matières, n'aie jamais pris d'autre diretion. En conséquence ce serait donc une grande erreur, ou vouloir abuser de la crédulité, que d'avancer qu'il aie pu tomber des pierres ou d'autres matières, etc., du soleil, de la lune ou d'autres planètes, sur la terre, comme de la terre sur d'autres planètes ;

et ne serait-ce pas méconnaître la toute-puis-
sance du Créateur, que d'oser ainsi poser des
limites à l'immensité; tandis que le mouvement sphérique des globes, dans l'univers, ne
met aucune borne à la nature et n'établit ni
dessus, ni dessous, ni même de côté pour les
globes, à l'égard les uns des autres, puisque
ceux qui nous paraissent au-dessus de la terre
sont dans une position contraire douze heures après, et qu'il n'y a réellement que chaque
partie de l'atmosphère de la terre, qui soit
au-dessus de ses habitans, et depuis eux jusqu'au centre du globe, ses parties qui soient
au-dessous; que de même les points d'est et
d'ouest, du nord et du midi, ne sont que re-
latifs : et que chaque globe a seulement un
équateur et deux pôles. La matière qui constitue chaque globe ne peut donc ni sortir de
son atmosphère, ni errer, ni traverser
les espaces, en tout ou en partie, ni passer,
ni pénétrer dans l'atmosphère d'un autre
globe; ni tomber, comme en cascades, d'un
globe sur l'autre; car le monde créé ne peut
être représenté comme un cahos, attendu
que le Créateur a trop bien ordonné toutes
choses dans sa plus grande perfection.

On doit donc être convaincu que la terre est composée d'élémens indestructibles; que les êtres, les plantes, etc., sont les résultats des germes primitifs; que tout tient à la création; que les élémens qui composent le globe terrestre, sont toujours en même quantité dans ce globe et son atmosphère, et quand on a cru avoir décomposé les anciens élémens et leur en avoir substitué d'autres, on s'est trompé; puisque ces nouveaux élémens paraissent plutôt décomposables que les anciens; car l'azote est le produit de l'animalisation, il ne se trouve que dans les endroits habités; aucunes substances n'en contiennent et nous ne pouvons l'aspirer; nous aspirons de l'oxigène et nous respirons du carbonne; c'est pour cette raison que nous ne pourrions exister dans un endroit bien clos : une plante, sous verre et à l'ombre, environnée de gaz oxigène, le convertit en gaz acide carbonique; une autre plante de même sous verre, mais exposée à la lumière solaire, environnée de gaz acide carbonique, l'absorbe et émet de l'oxigène, etc.

Comment en conclure autrement, si ce n'est que ces nouveaux élémens, ne sont réellement que des modifications des élémens; que cependant ces découvertes n'en sont pas moins précieuses sous le rapport des sciences et notamment de la chimie : et que les élémens sembleraient, au premier abord, devoir être réduits à deux, l'un fluide et pénétrant, et l'autre solide et pénétrable et rendu plus ou moins gazeux, plus ou moins fluide, plus ou moins liquide, selon sa combinaison avec l'élément fluide et pénétrant ; que l'élément fluide est universel, susceptible d'extension et de compression, ne laissant aucun vide dans la nature ; susceptible de devenir lumineux, lorsqu'il est pur, comme dans les espaces, par sa fluctuation et les vibrations qu'il éprouve, entre les atmosphères du soleil et des autres globes, de son tourbillon, comme sous le recipient, vide d'air atmosphérique, qu'on électrise.

Le fluide électrique constitue donc la lumière du jour, qu'on nomme solaire ; réuni à un corps, il donne ce qu'on nomme le feu, considéré comme premier élément.

L'élément solide et pénétrable, loin d'être universel, est réuni par globes, qui sont placés çà et là, dans l'univers ; ayant des forces centriques, résultantes de l'action du fluide électrique, et du mouvement sphérique de ces globes, qui empêchent qu'aucune partie ne puisse se répandre dans les intervalles, ni errer dans l'immensité.

On ne peut donc que le répéter ! quelle économie d'ordre ! quelle admirable prévoyance de l'Éternel ! De la matière et du mouvement, voilà les mondes.

Cependant, soit le résultat des diverses combinaisons particulières ou communes à ces deux élémens, soit qu'il existe réellement deux autres élémens intermédiaires, ils ne peuvent être mieux désignés que sous le nom d'air et d'eau ; l'air tenant plus du fluide que du liquide, et l'eau tenant plus du liquide que du fluide, tous deux pénétrés par le fluide électrique et tous deux tranparens. En observant que sous le récipient, vide d'air atmosphérique, l'eau devient solide, c'est-à-dire de la glace, comme aux pôles et sur les plus hautes montagnes : mais que si l'on fait tiédir auparavant, l'eau, et que l'on applique au récipient un conducteur de l'électricité, alors l'eau se met a bouillir comme sur un grand feu. Enfin tels n'en sont pas moins les quatre anciens élémens, tous quatre vraiment palpables, et qui, mis en comparaison, peuvent faire considérer les nouveaux élémens, presqu'imaginaires. Enfin le quatrième élément est donc ce principe passif, solide de sa nature, et opaque, qui semble chercher le repos, et qui est comme fixé au centre de chaque globe ; et cependant sans la matière il n'y aurait point de mouvement sensible, car les lois du choc, du son, etc., tiennent à la matière ; mais cette masse de matières opaques, mises en rapport et diversement combinées, avec les dissolvans de la nature, l'un fluide qui est l'air, comme deuxième élément, l'autre liquide qui est l'eau, comme troisième élément, le tout pénétré et soumis à l'action du fluide électrique, cette masse de matière devient alors comme une source vitale, elle prend toutes les formes, toutes les nuances, toutes les odeurs, toutes les couleurs, etc. ; et selon la vitesse de son mouvement sphérique, toujours combinée avec l'action du fluide électrique, elle devient plus ou moins électrique, elle acquiert la vertu magnétique ; de manière que tous les corps en sont diversement pourvus ; suivant leur nature et leur état de plus ou moins d'inertie, la chaleur se développe, la végétation s'établit, etc. ; enfin tous les êtres, toutes les plantes, les sels, les métaux, même les pierres, enfin tous les corps, tout ce qui existe dans la nature ; tout a ses couleurs, sa forme, ses odeurs ; tout change, tout se succède, mais rien ne se perd.

On est donc forcé, malgré les lumières du siècle, à revenir à ces anciens élémens palpables, qui seront de tous les temps, comme de tous les siècles ; et qui ne puisent leur origine, que dans la création. Mais il faut convenir que les élémens, en général, ont une telle tendance à se combiner ensemble, que lorsqu'on croit en avoir décomposé un, et saisi un nouveau, l'on n'a souvent que le résultat de plusieurs combinaisons, et du mélange même des quatre élémens. Il résulte donc que tout ce qui existe, sur terre et dans l'atmosphère, dépend des diverses combinaisons des élémens, de leur état et de leur rapport entre eux, en raison de l'action du fluide électrique, du mouvement sphérique des globes, et enfin de ces forces imprimées à la matière, d'une manière durable, qui tiennent de même à la création, et dont tout nous porte à rendre hommage au Créateur.

FIN.